高职高专计算机教学改革 新体系 规划教材

HTML5+CSS3
网站前台设计项目化教程

李琳 冯益斌 主编

U0342804

清华大学出版社
北京

内 容 简 介

本书打破传统学科体系构建教材篇章的固有模式,以项目为载体,采用任务驱动的方式展开阐述,使读者可以在项目实践中学习理论与技术,构建知识体系。教材内容由 6 个项目组成,每个项目根据开发的路线分若干任务,项目任务之后还安排了"项目进阶"和"课外实践"以提示读者对项目进行创新改进,加强自主学习,拓展知识。

项目 1 为概貌体验项目,围绕一个体验网站的配置、调试、部署,介绍网页设计中的开发环境及工具、网页设计、调试的过程与方法、网站发布的操作步骤等,让读者对网站设计的相关技术有一个感性的认识;项目 2 到项目 6 以递增的方式逐介绍网站前台设计的方法、技术和工具,使学习者在做中学、学中做,循序渐进地掌握网页设计的主要技术要点。项目 2 是一个单页面的个人主页设计,指导读者学习网页中基本元素的使用方法和 CSS 格式化网页元素的方法;项目 3 是一个较为完整的多页面静态网站,使用 Bootstrap 进行响应式网页设计,页面采用目前流行的扁平化风格,简洁大气;项目 4～项目 6 都是手机网页应用项目,充分体现了 HTML5 在移动应用开发方面的优势,这 3 个项目将带领读者由浅入深地体验 JavaScript、jQuery、JSON 格式数据、HTML5 本地存储等新技术。

作为高职高专的网页设计教材,本书体系新颖、层次清晰,特别注重实用性和可读性,内容由浅入深,因而也适合对网页设计有兴趣的初学者、爱好者作为自学参考书。

图书在版编目(CIP)数据

HTML5＋CSS3 网站前台设计项目化教程/李琳,冯益斌主编.--北京:清华大学出版社,2016
(2019.6重印)

高职高专计算机教学改革新体系规划教材

ISBN 978-7-302-42546-5

Ⅰ. ①H… Ⅱ. ①李… ②冯… Ⅲ. ①超文本标记语言－程序设计－高等职业教育－教材 ②网页制作工具－高等职业教育－教材 Ⅳ. ①TP312 ②TP393.092

中国版本图书馆 CIP 数据核字(2016)第 000901 号

责任编辑:刘士平
封面设计:傅瑞学
责任校对:刘　静
责任印制:宋　林

出版发行:清华大学出版社
　　　　网　　址:http://www.tup.com.cn,http://www.wqbook.com
　　　　地　　址:北京清华大学学研大厦 A 座　　　　　　邮　　编:100084
　　　　社 总 机:010-62770175　　　　　　　　　　　　邮　　购:010-62786544
　　　　投稿与读者服务:010-62776969,c-service@tup.tsinghua.edu.cn
　　　　质量反馈:010-62772015,zhiliang@tup.tsinghua.edu.cn
　　　　课件下载:http://www.tup.com.cn,010-62770175-4278
印 装 者:北京密云胶印厂
经　　销:全国新华书店
开　　本:185mm×260mm　　　印　张:13　　　　字　　数:296 千字
版　　次:2016 年 5 月第 1 版　　　　　　　　　　　印　　次:2019 年 6 月第 6 次印刷
定　　价:29.00 元

产品编号:063554-01

前 言

FOREWORD

为了编好这本教材,我们编写团队重点研究了两个问题:一是作为高职的"网页设计"教材,应该编写哪些内容;二是教材要以怎样的体例格式组织,才最有利于读者,特别是利于高职的学生学习相关技术。

对于第一个问题,答案很明确,应该是当前乃至将来一段时间内最新的Web前端开发技术! HTML5 和 CSS3 代表了下一代的 HTML 和 CSS 技术,它们必将推动互联网的快速发展。无论是移动开发,还是云计算,HTML5 都担负着不可替代的使命,它已经延伸到各个应用领域。由此,网页设计或者网站前台设计的教材必然从旧标准过渡到 HTML5+CSS3。本书选取的都是目前主流的新技术,并充分考虑到了实用性的要求。

第二个问题的答案似乎不那么显而易见。对于大多数读者来说,学习新技术是一件并不轻松甚至有些痛苦的经历,当我们学习了编程语法、数据类型、表达式等,熟记了那么多的标记、规则,却见不到一点儿成果时,就像一个在沙漠中独自跋涉了许久的人看不到任何路标一般,我们会疲倦、懈怠,甚至放弃。因此,成功只属于有着强大的内驱力和意志力的人。那么,是不是可以让学习变得比较轻松,就好像长跑途中不断有人告诉你已经跑过了多少路程,还有多少距离,让坚持变得不那么艰难? 这就是本书打破传统学科体系的教材编写模式,采用以项目为载体的方式,分解、重构知识体系的原因所在! 全书选取了 6 个项目,以任务驱动的方式对章节排序,体现行为导向的教学理念。

读者学习了第一个项目后会发现,"网站"原来是这么来的! 整体的面貌看到了,就会有进一步深入学习的愿望。第二个项目完成后,一个完整的个人主页展现出来,也许读者会兴奋地说:"瞧,本人的网页大功告成! 简洁但不简陋哦!"第三个项目完成当然要花比较多的工夫,读者心里一定有底了,网站其实就那么回事! 好吧,接下去可以高深些了,手机网页如何? 最后再来一个综合的——打地鼠游戏,其实没那么难! 当读者能够不断地欣赏到自己的学习成果时,学习技术就会变成"我想知道",而不是"我不得不学"了。

本教材是不是会受读者欢迎呢? 我们真的不敢保证,但我们能保证的是,我们在探索高职的项目化教学方面的确努力了好几年,也的确有了一些自己的体会和经验,现在用这本书呈现出一点成果,希望为读者提供一些学习上的帮助,也求教于广大同仁。

　　学习本教材建议安排的总学时为 80 学时,作者根据教学经验给出了一个大概的学时分配计划,供广大教师或学生参考:项目 1——10 学时;项目 2——10 学时;项目 3——18 学时;项目 4——14 学时;项目 5——12 学时;项目 6——16 学时;合计——80 学时。

　　本书由李琳、冯益斌老师主编,由教材团队完成编写工作。在编写过程中得到许多专家、同事和企业同仁的帮助,此处要特别感谢马永山、耿亚、车金庆、严正宇、李军等。

　　在编写过程中,我们力求科学、严谨,但由于精力、人力有限,疏漏之处在所难免,敬请广大读者批评指正。

编　者

2015 年 12 月

目 录

CONTENTS

概貌体验项目：初识网站

知识目标：

- 掌握 Windows 环境下 IIS 的安装方法与步骤
- 掌握使用 IIS 发布网站的操作步骤
- 认识网站的概念、组成、分类以及网站建设的基本步骤
- 认识网页及其中的各种基本元素
- 了解设计网页的常用工具

能力目标：

- 能安装 IIS 并进行简单配置
- 能使用 IIS 发布网站
- 能安装并使用至少一种网页编辑软件
- 能安装并使用至少一种浏览器

1.1 项目介绍

本项目的目标是发布并测试一个现有的网站(该网站为本书项目 2 设计的个人主页的最终网站)。本项目又分为以下 4 部分：①搭建开发环境，主要是安装和启动 Internet 信息服务(IIS)；②通过浏览器来查看网页及网页的源代码，认识网页的本质及网页的组成元素；③对网页做一些简单的修改和调试，体验网页编辑和调试软件的应用；④把本机作为 Web 服务器，发布网站，并采用本机和远程计算机两种方式访问该网站。

1.2 搭建开发环境

1.2.1 工作任务

- 在 Windows 7 的环境中，安装 Internet 信息服务(IIS)
- 启动、停止 Internet 信息服务(IIS)
- 认识并准备网页设计软件、网页调试软件

1.2.2 技术理论

网页是构成网站的基本元素,是承载各种网站应用的平台。通俗地说,网站是由网页组成的。网页实际是一个文本文件,用 Windows 自带的记事本工具就可以打开和编辑。它一般存放在网络上的某台服务器(Server)中。当用户在浏览器(Brower)输入网址(URL)以后,服务器会响应这个请求,同时将网页文件准备好,并通过网络送到访问者的计算机。浏览器接收到网页后,解析网页的内容并显示,如图 1-1 所示。

图 1-1　网页请求示意图

访问网页的过程归纳为:浏览器(Brower)发出请求,服务器(Server)响应,并将网页发送给浏览器(Brower)。这种模式称为 B/S 模式。在本书中,将 Windows 7 环境中的Internet 信息服务作为服务器端软件。

Internet 信息服务(Internet Information Services,IIS)可以在互联网或局域网上发布网页信息,并提供很多管理网站和 Web 服务器的功能。Windows 7 操作系统集成了 IIS(版本号是 7.5),默认没有安装,通过执行菜单命令"控制面板"——→"程序和功能"——→"打开或关闭 Windows 功能"来安装。

1.2.3　任务实施

1. 在 Windows 7 环境中安装 Internet 信息服务(IIS)

(1) 单击"开始"→"控制面板",再单击"程序"。

(2) 在"程序和功能"下面,单击"打开或关闭 Windows"功能。

(3) 进入 Windows 功能窗口(如图 1-2 所示),可以看到 Internet 信息服务选项,按照图中所示完成设置。

(4) 单击"确定"按钮,进入系统安装设置。此时可能需要等待两三分钟。

(5) 安装成功后,窗口消失,回到控制面板,选择"系统和安全"。

(6) 进入"系统和安全"窗口,选择左下角的"管理工具"。

(7) 进入"管理工具"窗口,可以看到"Internet 信息服务",如图 1-3 所示。

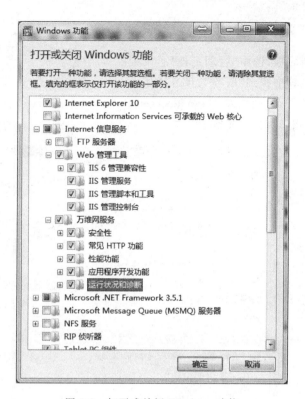

图 1-2　打开或关闭 Windows 功能

图 1-3　控制面板中的管理工具

2. 启动、停止 Internet 信息服务(IIS)

(1) 打开控制面板,选中"管理工具"。

(2) 在管理工具中找到"服务",双击打开。

(3) 在"服务"里面找到"World Wide Web Publishing Service",可以选择"启动"、"停止"、"暂停"或"重启",如图 1-4 所示。

图 1-4　WWW 服务控制

1.2.4　知识拓展

网页浏览器引擎俗称浏览器内核,又叫排版引擎(layout engine)或者渲染引擎 (rendering engine)。它负责取得网页的内容(HTML、XML、图像)、整理信息(CSS),以及计算网页的显示方式,然后输出。

浏览器种类如果按品牌商来分,少说也有上千种,所以一般情况下,浏览器都是根据核心区分的。下面介绍几个主流浏览器的内核信息,如表 1-1 所示。

表 1-1　浏览器内核信息

浏览器名称	所属公司	内核信息
Chrome	Google	Blink
Internet Explorer	Microsoft、Spyglass	Trident
Mozilla Firefox	Mozilla 基金会	Gecko
Opera	Opera Software	Webkit
Safari	苹果公司	Webkit
Maxthon	遨游天下科技有限公司	WebKit Trident
腾讯 TT 浏览器	腾讯控股有限公司	Trident

续表

浏览器名称	所属公司	内 核 信 息
搜狗高速浏览器	搜狗	Trident WebKit
360 安全浏览器	奇虎 360	Trident Blink
360 极速浏览器	奇虎 360	Trident Blink
猎豹安全浏览器	金山网络科技有限公司	Trident Blink

可以看出，目前主流的浏览器中，以 Trident、Blink 和 WebKit 这 3 种内核为主，其典型代表分别为 IE、Chrome 和 Safari。随着微软公司最新的 Windows 10 操作系统发布，一个名为"Spartan"的新的浏览器内核随之发布，并代替 IE 作为默认浏览器。相信在不久的将来，它会取代 IE 的地位。

1.3 认识网站与网页

1.3.1 工作任务

- 认识网页中的各种基本元素
- 查看网页源代码，理解网页的本质

1.3.2 技术理论

1. 网站

1）网站的概念

网站（Website）是指在因特网（Internet）上，根据一定的规则，使用 HTML 等工具制作的用于展示特定内容的相关网页的集合。简单地说，网站是一种通信工具，就像布告栏一样，人们可以通过网站来发布想要公开的资讯，或者利用网站提供相关的网络服务。人们可以通过网页浏览器访问网站，获取需要的资讯或者享受网络服务。

许多公司都拥有自己的网站，他们利用网站进行宣传、发布产品资讯及开展招聘等。随着网页制作技术的流行，很多个人开始制作个人主页，用于自我介绍、展现个性。也有以提供网络资讯为盈利手段的网络公司，通常这些公司的网站提供人们生活各个方面的资讯，如时事新闻、旅游、娱乐、经济等。

在因特网发展的初期，网站只能保存单纯的文本。经过几年的发展，当万维网出现之后，图像、声音、动画、视频，甚至 3D 技术开始在因特网上流行，网站慢慢地发展成我们现在看到的图文并茂的样子。通过动态网页技术，用户可以与其他用户或者网站管理者交流，有一些网站提供电子邮件服务。

2）网站的组成结构

在早期，域名、空间服务器与程序是网站的基本组成部分。随着科技进步，网站的组成日趋复杂，多数网站由域名、空间服务器、DNS 域名解析、网站程序、数据库等组成。

（1）域名（Domain Name）：是由一串用点分隔的字母组成的 Internet 上某一台计算

机或计算机组的名称,用于在数据传输时标识计算机的电子方位(有时也指地理位置)。域名已经成为互联网的品牌、网上商标保护必备的产品之一。

DNS 规定,域名中的标号都由英文字母和数字组成。每一个标号不超过 63 个字符,也不区分大小写字母。标号中除连字符(-)外,不能使用其他标点符号。级别最低的域名写在最左边,级别最高的域名写在最右边。

(2)空间:常见网站空间包括虚拟主机、虚拟空间、独立服务器、云主机及 VPS。

虚拟主机是在网络服务器上划分出一定的磁盘空间供用户放置站点、应用组件等;提供必要的站点功能、数据存放和传输功能。所谓虚拟主机,也叫"网站空间",就是把一台运行在互联网上的服务器划分成多个"虚拟"的服务器。每一台虚拟主机都具有独立的域名和完整的 Internet 服务器(支持 WWW、FTP、E-mail 等)功能。虚拟主机是网络发展的福音,极大地促进了网络技术的应用和普及。同时,虚拟主机的租用服务成为网络时代新的经济形式。虚拟主机的租用类似于房屋租用。

(3)程序:即建设与修改网站所使用的编程语言(常见的有 Java、PHP、asp. net)。通过这些语言,可以响应网站浏览者的请求和操作,并将结果生成 HTML,传输到浏览者的浏览器中。

2. 建立一个网站的基本步骤

(1)购买域名与空间(万网、新网都可以购买)。

(2)空间与域名做备案(如不明白具体操作,拨打空间服务商的售后电话)。

(3)制作网站,并上传到空间(网站上传可以使用 FTP 工具)。

(4)备案完成后,解析、绑定域名到空间(登录购买域名和空间的服务商网站进行操作)。

(5)网站可以正常访问。

3. 网页及其基本元素

如前所述,网页其实就是一个文本文件。与普通文本相比,网页不但可以显示基本的文字,还可以显示图片、视频等多媒体信息。通常情况下,网页包含如下基本元素(如图 1-5 所示)。

图 1-5　网页中的基本元素

（1）文字：网页内容的基本表示。

（2）图片：常用于网页的图片格式有 JPG、GIF、PNG。

（3）动画：常见的格式为 Gif 动画、Flash 动画和 HTML5 动画。

（4）声音：网页上几乎所有的音频格式都是 MP3。

（5）视频：常见格式为 FLV、MP4。

（6）超链接：由一个网页跳转到另一个目的（网页、图片、文件等）的链接。

（7）表格：文本的一种组织形式，也可用于网页元素布局。

（8）表单：用于采集用户输入的数据，接受用户请求。

4. 网页设计软件

1）文本编辑器

理论上讲，只要能够编辑文本文件的软件，就可以设计网页。这类软件比较小巧，能很方便地设计或修改网页，适用于临时修改网页的场合。

常见软件如下所述。

（1）Notepad：Windows 自带的记事本程序，它只具备最基本的编辑功能，所以体积小巧，启动快，占用内存低，容易使用。

（2）Notepad＋＋：它的功能比 Notepad 强大，软件界面如图 1-6 所示，除了用来制作一般的纯文字文件，也适合当作编写计算机程序的编辑器。Notepad＋＋不仅有语法高亮度显示，也有语法折叠功能，并且支持宏，以及扩充基本功能的外挂模组。

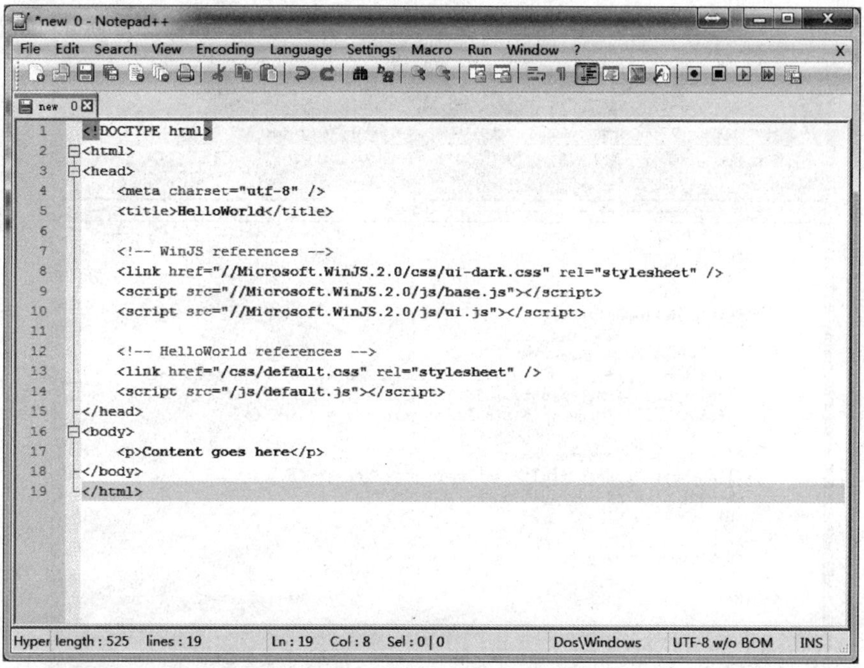

图 1-6　Notepad＋＋软件界面

（3）UltraEdit：一套功能强大的文本编辑器，如图 1-7 所示，可以编辑文本、十六进制数及 ASCII 码，完全可以取代记事本。该编辑器内建英文单词检查、语法高亮度显示，可同时编辑多个文件；而且即使开启很大的文件，速度也不会慢。

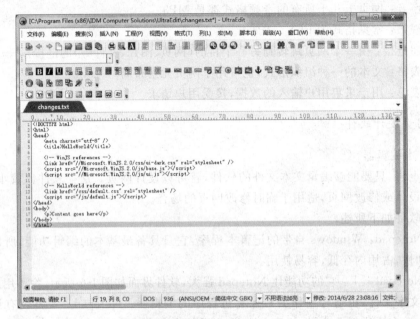

图 1-7　UltraEdit 软件界面

（4）EditPlus：一套功能强大，可取代记事本的文字编辑器，如图 1-8 所示，拥有无限

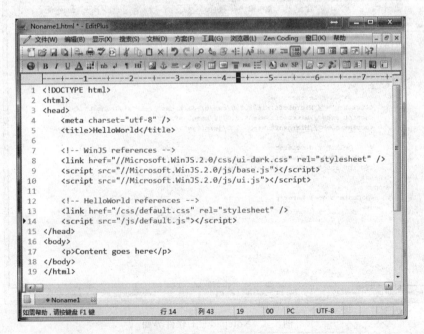

图 1-8　EditPlus 软件界面

制的撤销与重做、英文拼字检查、自动换行、列数标记、搜寻取代、同时编辑多文件及全屏幕浏览功能。它是一个非常好用的 HTML 编辑器，除了支持颜色标记、HTML 标记，还支持 C、C++、Perl、Java。另外，它有完整的 HTML & CSS 指令功能。

（5）Sublime Text：一种代码编辑器（Sublime Text 2 是收费软件，但可以无限期试用），如图 1-9 所示，具有漂亮的用户界面和强大的功能，例如代码缩略图、Python 插件、代码段功能等，如图 1-9 所示；还可以自定义键绑定、菜单和工具栏，其主要功能包括拼写检查、书签、完整的 Python API、Goto 功能、即时项目切换、多选择、多窗口等。它是一个跨平台的编辑器，同时支持 Windows、Linux、Mac OS X 等操作系统。

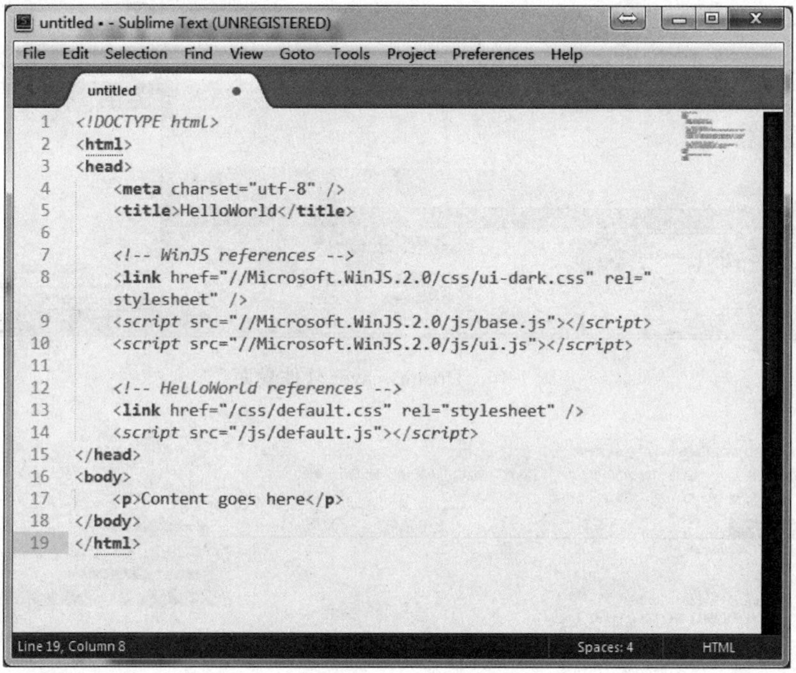

图 1-9　Sublime Text 软件界面

2）集成开发环境

集成开发环境（Integrated Development Environment，IDE）是用于提供程序开发环境的应用程序，一般包括代码编辑器、编译器、调试器和图形用户界面工具。它是集成了代码编写功能、分析功能、编译功能、调试功能等的一体化开发软件套件。常见的网页设计 IDE 如下所述。

（1）Adobe Dreamweaver，简称 DW，中文名称"梦想编织者"，是集网页制作和网站管理于一身的"所见即所得"网页编辑器，如图 1-10 所示。DW 是第一套针对专业网页设计师的视觉化网页开发工具，利用它可以轻而易举地制作跨越平台限制和跨越浏览器限制的充满动感的网页。

（2）Microsoft Visual Studio，简称 VS，是微软公司的开发工具包系列产品，如图 1-11 所示。VS 是一个基本完整的开发工具集，包括整个软件生命周期中所需要的大部分工具，如 UML 工具、代码管控工具、集成开发环境（IDE）等。

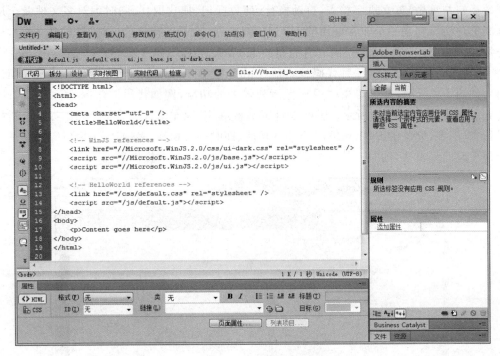

图 1-10　Dreamweaver 软件界面

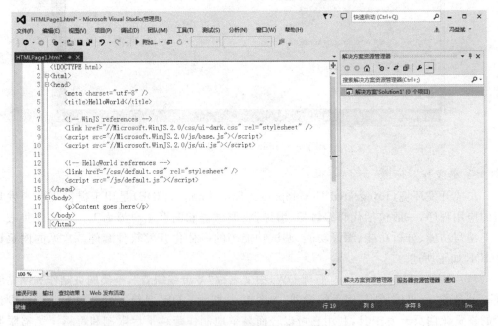

图 1-11　Visual Studio 软件界面

5. 网页调试工具

网页最终是在浏览器上运行,因此,网页调试工具与浏览器集成在一起。常见的网页调试工具如下所述。

（1）Internet Explorer 11＋F12：Internet Explorer 11 带有一组内置的开发人员工具，帮助开发人员跨多种设备来构建、诊断和优化现代网站和应用。由于这些工具是通过按 F12 键启动的，所以将这一组全新工具简称为 F12。这些工具可帮助 Web 开发人员快速、高效地完成各项工作，如图 1-12 所示。

图 1-12　IE 调试界面

（2）Google Chrome＋F12：只要安装了谷歌浏览器，就可以使用 Google Chrome 开发者工具，如图 1-13 所示。它是内嵌到浏览器的开发工具，打开方式有两种，即按 F12 键或按 Shift＋Ctrl＋i 键。

（3）Firefox＋Firebug：Firebug 是 Firefox 下的一款开发类插件，现属于 Firefox 的五星级强力推荐插件之一。它集 HTML 查看和编辑、JavaScript 控制台、网络状况监视器于一体，是开发 JavaScript、CSS、HTML 和 AJAX 的得力助手。Firebug 如同一把精巧的瑞士军刀，从各个不同的角度剖析 Web 页面内部的细节层面，给 Web 开发者带来很大的便利，如图 1-14 所示。

6. 图像处理工具

1）Adobe Photoshop

Adobe Photoshop 简称 PS，是由 Adobe Systems 公司开发和发行的图像处理软件，如图 1-15 所示。

图 1-13　Chrome 调试界面

图 1-14　Firefox＋Firebug 调试界面

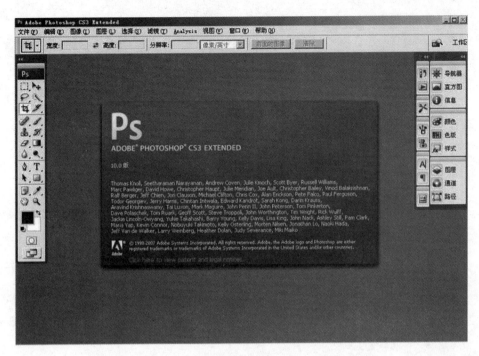

图 1-15　Adobe Photoshop 启动界面

Photoshop 主要处理以像素构成的数字图像。使用其众多的编修与绘图工具，可以有效地完成图片编辑工作。PS 有很多功能，在图像、图形、文字、视频、出版等各方面发挥作用。

Photoshop 的专长在于图像处理，而不是图形创作。图像处理是对已有的位图图像进行编辑加工处理，或者运用一些特殊效果，其重点在于对图像的加工。图形创作软件是按照用户的构思、创意，使用矢量图等设计图形。

2）CorelDRAW

CorelDRAW Graphics Suite 是加拿大 Corel 公司出品的矢量图形制作工具软件，用于实现矢量动画、页面设计、网站制作、位图编辑和网页动画等多种功能，如图 1-16 所示。

它是一套屡获殊荣的图形、图像编辑软件，包含两个绘图应用程序，一个用于矢量图及页面设计，一个用于图像编辑。该绘图软件组合带给用户强大的交互式工具，便于创作多种富于动感的特殊效果及点阵图像，使其效果在简单的操作中就可实现，而不会丢失当前的工作。CorelDRAW 的全方位设计及网页功能，可以融合到用户现有的设计方案中，灵活性十足。

该软件套装更为专业设计师及绘图爱好者提供了简报、彩页、手册、产品包装、标识、网页及其他功能；它提供的智慧型绘图工具以及新的动态向导，可以充分降低用户的操控难度，使用户更加精确地创建物体的尺寸和位置，减少点击步骤，节省设计时间。

1.3.3　任务实施

（1）分别使用 IE 和 Chrome，打开网站的 index. htm 文件（如图 1-17 所示）。

图 1-16　CorelDRAW 启动界面

① 用鼠标右键单击 index.htm,然后选择"打开方式"菜单项。

② 如果 IE 和 Chrome 出现在弹出的菜单中,直接选择相应的浏览器打开。

③ 如果 IE 和 Chrome 没有出现在弹出的菜单中,单击"选择默认打开程序"。在弹出的"打开方式"对话框中,单击"浏览"按钮,找到 IE 或 Chrome 应用程序所在的目录。

④ 另一种方式:先打开 IE 和 Chrome,再将 index.htm 文件拖放到浏览器窗口中。

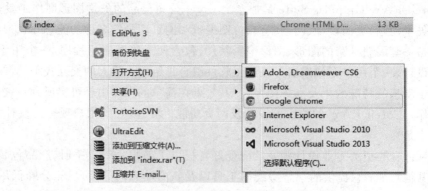

图 1-17　使用 Chrome 浏览器打开网页

(2) 分别使用 IE 和 Chrome,查看网页的源文件,如图 1-18 所示。

① 在 IE 中,在网页空白处单击鼠标右键,在弹出的快捷菜单中选择"查看源代码";

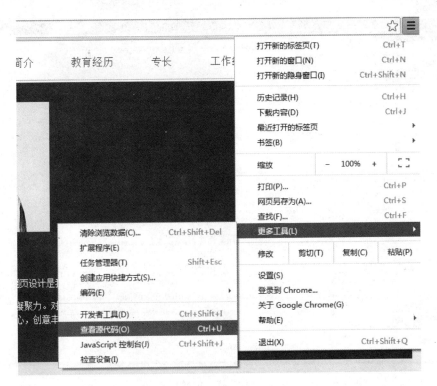

图 1-18 用 IE 或 Chrom 浏览器查看网页源文件

或者在工具栏空白处单击鼠标右键，然后勾选"菜单栏"，再选择"查看"菜单的"源"项，同样会显示网页源代码。

② 在 Chrome 中，在网页空白处单击鼠标右键，在弹出的快捷菜单中选择"查看网页源代码"；或者在工具栏单击"自定义及控制 Google Chrome"按钮，在弹出的菜单中选择"更多工具"，再选择"查看源代码"，同样显示网页源代码。

③ 在 IE 和 Chrome 中，查看网页源文件的快捷键都是 Ctrl+U。

我们看到的网页源文件里的代码叫作 HTML（Hyper Text Markup Language，超文本标记语言），如图 1-19 所示。HTML 虽然被叫作语言，但并不是一种编程语言，它主要用来描述页面元素的排版、布局和格式等信息。

最上面＜！DOCTYPE…＞的作用是告知浏览器使用哪种 HTML 或 XTML 规范解析 HTML 文本。主体部分由写在＜＞里的成对的标签组成，如下所示：

```
<html>
    <head>
        <title>×××的个人网站</title>
    </head>
<body>

</body>
</html>
```

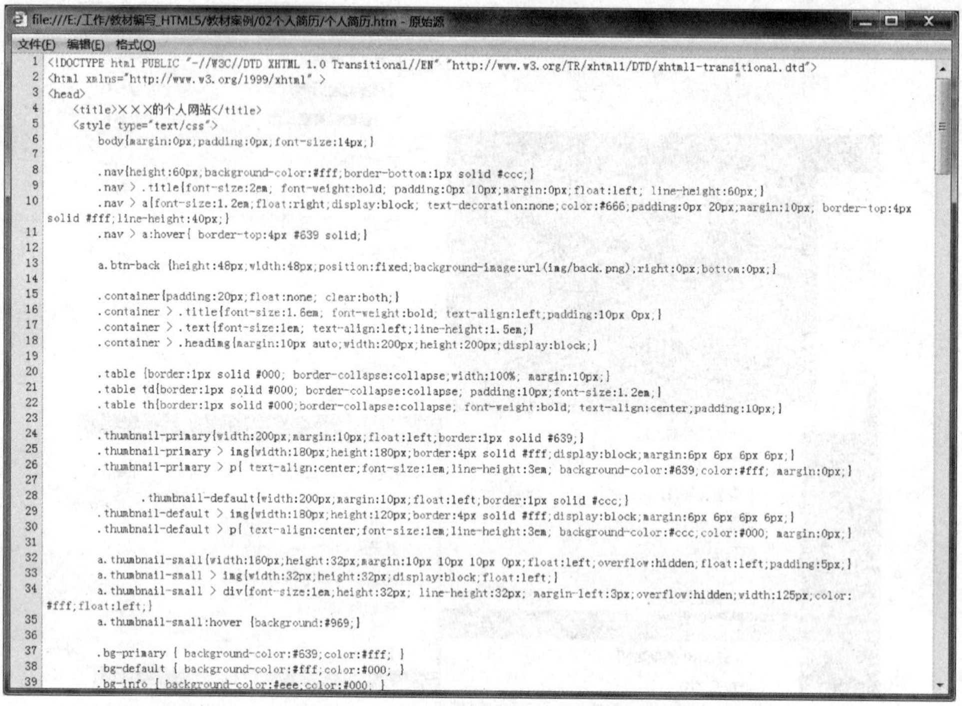

图 1-19　用 IE 打开的网页源文件

　　其中,<html>与</html>之间的文本描述网页;<head>与</head>之间的文体描述网页的头部信息;<body>与</body>之间的文本是可见的页面内容;<title>和</title>指定网页的标题,打开一个网页时,标题将显示在浏览器窗口的标题栏或状态栏。关于 HTML 语言的内容,将在项目 2 中详细讲解。

1.3.4　知识拓展

1. 网页中的图片格式

　　网页中有丰富的图片资源。表 1-2 列出了网页中常见的图片格式及其优缺点。

表 1-2　图片格式及其优缺点

图片类型	优　　点	缺　　点
BMP	支持 1 位到 24 位颜色深度 格式与现有 Windows 程序(尤其是较旧的程序)广泛兼容	BMP 不支持压缩,这会造成文件非常大
PNG	支持高级别无损耗压缩 支持 Alpha 通道透明度 支持伽马校正 支持交错 受最新的 Web 浏览器支持	较旧的浏览器和程序可能不支持 PNG 文件 作为 Internet 文件格式,与 JPEG 的有损耗压缩相比,PNG 提供的压缩量较少 作为 Internet 文件格式,PNG 对多图像文件或动画文件不提供任何支持

续表

图片类型	优　　点	缺　　点
JPG	摄影作品或写实作品支持高级压缩 利用可变的压缩比控制文件大小 支持交错（对于渐近式 JPEG 文件） JPEG 广泛支持 Internet 标准	有损耗压缩使原始图片数据质量下降 当编辑和重新保存 JPEG 文件时，原始图片数据的质量下降。这种下降是累积性的 JPEG 不适用于所含颜色很少、具有大块颜色相近的区域或亮度差异十分明显的较简单的图片
GIF	GIF 广泛支持 Internet 标准 支持无损耗压缩和透明度	GIF 只支持 256 色调色板。因此，详细的图片和写实摄影图像会丢失颜色信息，而看起来是经过调色的 在大多数情况下，无损耗压缩效果不如 JPEG 格式或 PNG 格式 GIF 支持有限的透明度，没有半透明效果或褪色效果（例如，Alpha 通道透明度提供的效果）

在网页设计过程中，选择图片格式可以参考如表 1-3 所示的标准。

表 1-3　图片格式选择表

颜 色 数 目	格 式 选 择
1（黑白）	GIF，分辨率为 72 像素/英寸（ppi）
16	GIF，分辨率为 72ppi
256（简单图片）	GIF，分辨率为 72ppi
256（复杂图片）	JPEG，分辨率为 72ppi
超过 256	JPEG 或 PNG，分辨率为 72ppi

2. 网页中的动画

1) GIF 动画

GIF（Graphics Interchange Format）的原义是"图像互换格式"，是一种常见的图像文件格式，目前几乎所有相关软件都支持它。GIF 格式的特点是其在一个 GIF 文件中可以存储多幅彩色图像。如果把存于一个文件中的多幅图像数据逐幅读出并显示到屏幕上，可构成最简单的动画。

2) Flash 动画

Flash 动画是指利用 Flash 软件设计、制作、发布的动画以及交互作品。Flash 动画使用矢量图形，所以在输出动画方面更加适合卡通动画制作，相应的文件数据比位图动画小得多。Flash 输出动画图像为真彩，能够较全面地反映真实的色彩环境。另外，Flash 动画具有真正的多媒体意义，如支持导入音乐文件，支持交互内容等，是其他动画制作软件不能比拟的。

3) CSS 动画

CSS 是一种格式化网页的标准方法。在最新的 CSS 3.0 中，动画是一种新的特性，它可以在不借助 JavaScript 和 Flash 的情况下使绝大多数 HTML 元素动起来。现在，它被

Webkit 家族的浏览器以及 Firefox 支持。有了 CSS 动画，可以给页面元素加入互动性；配合 JavaScript，它可以用来制作网页游戏。

1.4　编辑与调试

1.4.1　工作任务

- 使用网页开发软件打开网页进行编辑
- 修改网页标题，并观察修改结果
- 使用 Chrome 调试网页
- 使用 IE11 调试网页

1.4.2　任务实施

1. 使用网页开发软件打开网页进行编辑

使用网页开发工具（参考"1.2　搭建开发环境"）打开 index. htm。对于使用 IDE 的用户，使用"打开网站"的功能打开站点根目录，IDE 会自动加载整个网站所有的资源。

2. 修改网页标题，并观察修改结果

（1）在编辑器中，找到"<title>个人主页</title>"字样，然后将"个人主页"这 4 个字改成"真实姓名＋个人主页"。例如，"张三的个人主页"。

（2）保存网页。

3. 使用 Chrome 调试网页

（1）使用 Chrome 再次打开 index. htm。如果网页已经在浏览器中打开，单击工具栏的"刷新"按钮，或按 F5 键，刷新网页。

（2）网页刷新后，观察网页标题栏的标题信息。

（3）按 F12 键，弹出"开发人员工具"窗口。单击工具栏"Toggle device mode"按钮，启用移动设备模拟器浏览网页。

（4）单击"开发者工具"工具栏"Hide drawer"按钮，在弹出的"Emulation"属性页中切换 Device 的 Model，观察网页的变化。

4. 使用 IE 调试网页

（1）使用 IE 再次打开 index. htm，如果网页已经在浏览器打开中，单击工具栏"刷新"按钮，或按 F5 键，刷新网页。

（2）网页刷新后，观察网页标题栏的标题信息。

（3）按 F12 键，弹出"开发人员工具"窗口。单击工具栏"仿真"按钮，尝试切换不同类型的"模式"、"显示"值，观察网页的变化。

1.5 发布与测试

1.5.1 工作任务

- 配置 IIS 网站
- 通过本机地址访问网站
- 配置 Windows 防火墙
- 通过远程计算机访问网站

1.5.2 任务实施

1. 配置 IIS 网站

（1）打开 IIS 管理器，进入管理界面。选中"Default Web Site"，如图 1-20 所示。

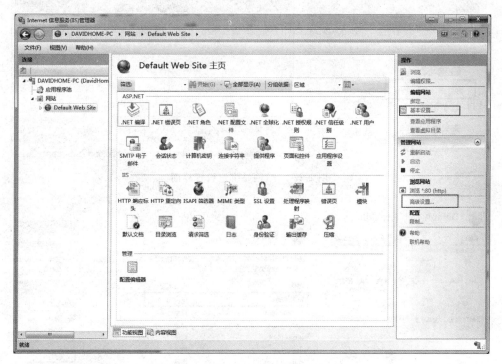

图 1-20　IIS 管理界面

（2）单击右侧的"基本设置"或"高级设置"，在弹出的对话框中设置网站的主目录，如图 1-21 所示。

（3）单击右侧的"绑定..."，选中要绑定的网站，然后单击"编辑"按钮，如图 1-22 所示。

（4）单击 IP 地址下拉框，弹出当前系统的 IP 地址。选中该地址，保持默认的 80 端口，然后单击"确定"按钮，如图 1-23 所示。

图 1-21　IIS 网站主目录设置界面

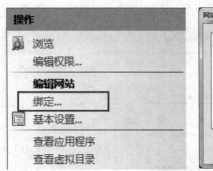

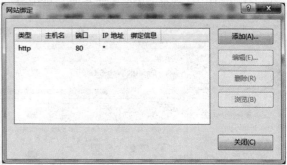

图 1-22　IIS 网站绑定设置界面

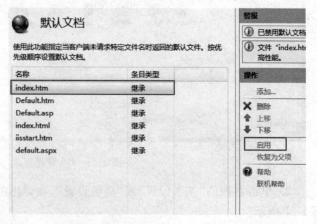

图 1-23　IIS 网站默认文档设置界面

（5）在主界面中，找到"默认文档"，双击进入设置界面。

（6）检查"index.htm"是否在默认文档列表中。如果没有，在右侧单击"添加"按钮，将"index.htm"添加到默认文档列表中,并将其移动到列表顶部,如图 1-24 所示。

图 1-24 Windows 防火墙设置界面

（7）在右侧单击"启用"。

2. 通过本机地址访问网站

（1）在本机打开浏览器,然后在地址栏中输入本机的 IP 地址,查看网页是否正常显示。

（2）在本机打开浏览器,然后在地址栏中输入"localhost",查看网页是否正常显示。

3. 配置 Windows 防火墙

（1）依次单击"开始"→"控制面板"→"Windows 防火墙",弹出防火墙设置界面,如图 1-25 所示。

（2）单击左侧"允许程序通过 Windows 防火墙通信"。

（3）在"允许的程序和功能"中选中"万维网服务（HTTP）",并勾选右侧所有的网络设置,然后单击下方的"确定"按钮,如图 1-26 所示。

（4）单击"高级安全 Windows 防火墙",选择"入站规则"。

（5）在"入站规则"列表中,找到"万维网服务（HTTP 流入量）",查看是否已启用。如未启用,请启用该规则,如图 1-27 所示。

图 1-25　Windows 防火墙设置界面

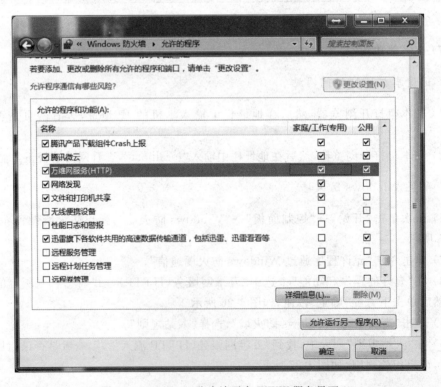

图 1-26　Windows 防火墙开启 WWW 服务界面

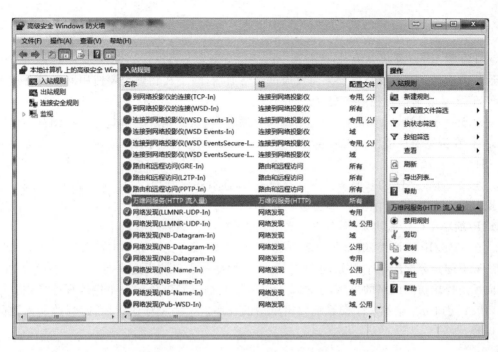

图 1-27 Windows 防火墙入站规则界面

4. 通过远程计算机访问网站

在远程计算机打开浏览器，然后在地址栏中输入本机 IP 地址，查看网页是否正常显示，如图 1-28 所示。

图 1-28 通过远程计算机打开的网页

1.5.3　知识拓展

在配置 IIS 以及防火墙时,会遇到"端口"这个概念。可以这样说,端口是计算机与外部通信的途径。两台计算机如果需要通过网络通信,除了在物理上要使用网络设备连接以外,还需要在通信过程中指定双方的端口号。

对于一个网站来说,要对外提供 HTTP 服务,默认的是"80"端口号。在浏览器访问网站时,在浏览器地址栏输入域名(如 www.baidu.com),其实就是连接该网站服务器的80 端口。

与 80 端口是 HTTP 服务的默认端口类似,还有很多常用端口,范围是 0～1023。这些端口号一般固定分配给一些服务。比如,21 端口分配给 FTP 服务,25 端口分配给SMTP(简单邮件传输协议)服务,135 端口分配给 RPC(远程过程调用)服务。

在 TCP/IP 协议中,端口号的范围是 0～65535。除了之前介绍的,1024～65535 端口号一般不固定分配给某个服务,也就是说,许多服务都可以使用这些端口。只要运行的程序向系统提出访问网络的申请,系统就可以从这些端口号中分配一个供该程序使用。比如,1024 端口分配给第一个向系统发出申请的程序。关闭程序进程后,将释放所占用的端口号。

1.6　技术要点

本章围绕一个体验网站的配置、调试和部署,介绍了网页设计中的开发环境及工具,网页设计、调试的过程与方法以及网站发布的操作步骤。

1.7　项目进阶

在"1.5　发布与测试"中,将网站发布到默认站点下,请将该站点删除,然后重新创建一个站点,并设置该站点的端口号为"8000"。配置结束后,分别在本地和远程访问该网站。若访问有问题,请尝试通过调整服务器防火墙的入站规则,允许远程计算机访问该网站。

1.8　课外实践

请下载试用本章介绍的各种浏览器及开发工具。

入门项目：个人主页网站设计

知识目标：
- 掌握网页的基本结构
- 掌握网页中基本元素的使用方法
- 掌握 CSS 格式化网页元素的方法

能力目标：
- 能规划设计单页网站
- 能为网页添加基本元素
- 能使用 CSS 控制网页元素的样式

2.1 项 目 介 绍

本项目的目标是设计个人主页网站。这是一个单页网站(整个网站就一个网页文件)，用于展示网页版的个人简历。本项目分为以下 8 部分：①网站规划与设计；②设计导航模块；③设计个人简介模块；④设计个人履历模块；⑤设计个人荣誉模块；⑥设计照片集模块；⑦设计作品集模块；⑧设计"与我联系"模块。

2.2 知 识 准 备

网页的核心是超级文本标记语言(HTML)，通过结合使用其他 Web 技术(如脚本语言、公共网关接口、组件等)，创造功能强大的网页。因而，超级文本标记语言是万维网(Web)编程的基础，也就是说，万维网是建立在超文本基础之上的。之所以称其为超文本标记语言，是因为文本中包含了"超级链接"点。

超级文本标记语言是标准通用标记语言下的一个应用，也是一种规范、一种标准，它通过标记符号来标记要显示的网页中的各个部分。

超级文本标记语言文档制作不是很复杂，但功能强大，支持不同数据格式的文件嵌入，这也是万维网(WWW)盛行的原因之一，其主要特点如下所述。

(1) 简易性：超级文本标记语言版本升级采用超级方式，从而更加灵活、方便。

（2）可扩展性：超级文本标记语言的广泛应用带来了加强功能，增加标识符等要求。超级文本标记语言采取子类元素的方式，为系统扩展提供保证。

（3）平台无关性：虽然个人计算机大行其道，但使用 MAC 等其他机器的大有人在，超级文本标记语言可以使用在广泛的平台上，这也是万维网（WWW）盛行的另一个原因。

（4）通用性：HTML 是网络通用语言，是一种简单、通用的全置标记语言。它允许网页制作人建立文本与图片相结合的复杂页面，这些页面可以被网上其他任何人浏览，而无论使用的是什么类型的计算机或浏览器。

2.2.1　HTML 概述

1. 认识 HTML 语言

HTML 的英文全称是 Hypertext Marked Language，中文叫作"超文本标记语言"。和一般文本不同的是，一个 HTML 文件不仅包含文本内容，还包含一些 Tag，中文称为"标记"。HTML 文件的后缀名是 .htm 或 .html。用文本编辑器可以编写 HTML 文件。下面用最简单的记事本来编辑一个 HTML 文件。

【实例 2-1】　打开 Notepad，新建一个文件，复制以下代码到新文件中，然后将该文件保存为 first.html，如图 2-1 所示。

```
<html>
    <head>
        <title>我的第一个网页</title>
    </head>
    <body>
    <h1>HTML 概述</h1>
        <b>1、认识 HTML 语言</b>
        <p>HTML 的英文全称是 Hypertext Marked Language，中文叫作"超文本标记语言"。和一般文本不同的是，一个 HTML 文件不仅包含文本内容，还包含一些 Tag，中文称"标记"。</p>
    </body>
</html>
```

要浏览这个 first.html 文件，双击它；或者打开浏览器，在"File"菜单选择"Open"，然后选择该文件。显示效果如图 2-2 所示。

示例解释如下。

该文件的第一个标记是<html>，告诉浏览器：这是 HTML 文件的头。文件的最后一个标记是</html>，表示 HTML 文件到此结束。

<head>和</head>之间的内容是 Head 信息，不显示出来，在浏览器里看不到，但是并不表示这些信息没有用处。比如，可以在 Head 信息里加上一些关键词，有助于搜索引擎搜索到用户的网页。

<title>和</title>之间的内容是文件的标题。可以在浏览器顶端的标题栏看到它。

<body>和</body>之间的信息是正文。

<h1>和</h1>之间表示一级标题文字，以此类推，还可以有<h2><h3>

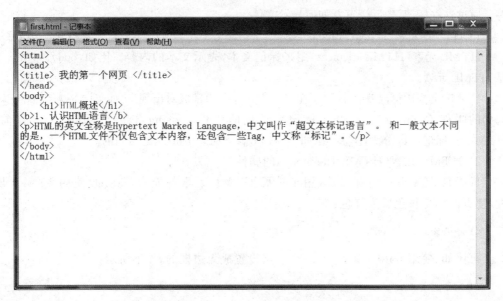

图 2-1　在记事本中创建一个 HTML 文件

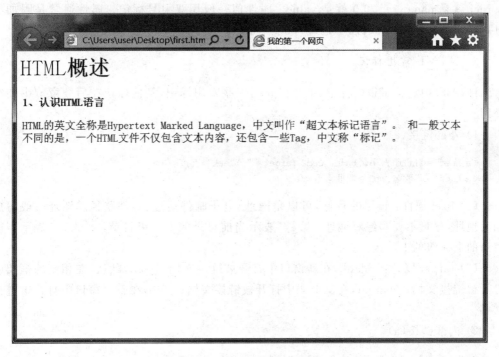

图 2-2　第一个网页在浏览器中的显示效果

<h4>…标题。

　　<b>和</b>之间的文字用粗体表示。<b>是 bold 的意思。

　　<h1>和</h1>之间是段落文字。

　　HTML 文件看上去和一般文本类似，但是比一般文本多了标记，比如<html><b>

等。通过这些标记,告诉浏览器如何显示文件。

1) HTML 元素(HTML Elements)

HTML 元素(HTML Element)用来标记文本,表示文本的内容。比如,body、p、title 就是 HTML 元素。

HTML 元素用标记表示,标记写在<>中。标记通常成对出现,比如<body></body>。起始的叫作 Opening Tag(开始标记),结尾的叫作 Closing Tag(结束标记)。目前,HTML 的标记不区分大小写。比如,<HTML>和<html>是相同的。

2) HTML 元素(HTML Elements)的属性

HTML 元素可以拥有属性,用于扩展 HTML 元素的能力。比如,使用 bgcolor 属性,使页面的背景色成为红色:

```
< body bgcolor = "red">
```

再比如,使用 border 属性,将一个表格设置成无边框的,如下所示:

```
< table border = "0">
```

定义属性时,通常属性名和值成对出现,如 name = "value"。对于上例的 bgcolor,border 就是 name,red 和 0 就是 value。属性值一般用双引号标记。属性通常是附加给 HTML 的 Opening Tag,而不是 Closing Tag。

2. HTML 常用标记

HTML 中定义了很多标记,本节仅介绍一些常用标记,其他标记在后续章节中陆续介绍。

1) 外部链接(a)

```
< a href = "http://www.baidu.com" target = "_blank">百度</a>
< a href = "歌名.mp3">歌曲名称</a>
```

(1) href 属性:链接的目标,可以是网址、电子邮件地址、文件路径。地址一般写成相对地址,尽量不要写绝对地址。"../"表示当前目录的上一级目录,"../../"表示当前目录的上一级的上一级。

(2) target 属性:_blank,在新窗口中打开被链接文档;_self,默认,在相同的框架中打开被链接文档;_parent,在父框架中打开被链接文档;_top,在整个窗口中打开被链接文档。

2) 内部链接(a)

```
< a href = "#info">点击这个就会跳转到 id 为 info 的元素</a>
```

用途:打开指定网页的指定位置(使用 id 标识)。

3) 图片(img)

```
< img src = "1.jpg" alt = "无图显示汉字" title = "鼠标置顶显示汉字"/>
```

(1) src 属性:图片的地址。

（2）alt 属性：当图片不显示时，出现在该位置（原显示图片）的文字。

（3）title 属性：鼠标移到图片上，出现的提示文字。

＜img＞没有结束标签。要正确关闭该标签，应写为：＜img xxx＝"" yyy＝"" /＞。

4）表格

表格由一系列元素组成：table（表格）、tr（行）、th（标题单元格）和 td（普通单元格）。

（1）表格元素（table）。

① align 属性：设置表格水平方向的对齐方式（left、center 或 right）。只能对整个表格在浏览器页面范围内居中对齐，但是表格里单元格的对齐方式不会因此而改变。如果要改变单元格的对齐方式，需要在行、列或单元格内另行定义

② cellspacing 属性和 cellpadding 属性：设置表格内部每个单元格之间的距离（单位 px）；设置单元格边框与单元格里内容之间的距离。默认情况下，单元格里的内容紧贴表格的边框。

```
＜table align = "center" cellspacing = "10" cellpadding = "10"＞
＜/table＞
```

（2）表格行元素（tr）。

① align 属性：行文字的水平对齐方式，left、center 或 right。

② valign 属性：行文字的垂直对齐方式，top、bottom 或 middle。

（3）单元格元素（td）。

其操作对象是表格里的每一个单元格。

① align 属性：单元格文字的水平对齐方式，left、center 或 right。

② valign 属性：单元格文字的垂直对齐方式，top、bottom 或 middle。

③ colspan 属性：控制字段横向的合并数目，其值为合并右边的单元格的个数。

④ rowspan 属性：控制字段纵向的合并数目，其值为合并下面的单元格的个数。

（4）标题单元格元素（th）。

该标签出现在表格内的第一行，是 td 标签的特殊情况，是描述表格的字段名称。显示情况为黑体居中。

5）段落（p）与换行（br）

p 元素用于划分段落，写为：＜p＞段内内容＜/p＞。该段和下段之间由空行隔开。

br 元素用于段内强制换行。＜br＞没有结束标签，要正确关闭该标签，应写为：＜br/＞。

6）水平分割线（hr）

该标记表示插入一条水平分割线。

（1）属性 width：水平线的宽度：＜hr width＝"宽度"＞。宽度可以是百分比（相对浏览器，随着浏览器的大小而改变）。

（2）属性 size：水平线的高度：＜hr size＝"高度"＞。高度只能为像素。

（3）属性 color：水平线的颜色：＜hr color＝"颜色"＞。

（4）属性 align：水平线的对齐方式：＜hr align＝"对齐方式"＞，可以是 center、left 或 right。默认为居中对齐。

7) 多级标题(h1 … h6,headline)

```
<h1>一级标题</h1>
<h6>六级标题</h6>
```

8) 有序列表(ol,ordered list)

列表中的项目有先后顺序,根据顺序来表示重要的程度。一般采用数字或字母作为序号。

```
<ol type = "1" start = "1">
    <li>第一学期</li>
    <li>第二学期</li>
    <li>第三学期</li>
</ol>
```

(1) type 属性:序号类型为 1(数字:1,2,3,…);a(小写英文字母:a,b,c,…);A(大写英文字母:A,B,C,…);i(小写罗马数字:i,ii,iii,v,…);I(大写罗马数字:Ⅰ,Ⅱ,Ⅲ,Ⅳ,…)。默认(不写)为"1"。

(2) start 属性:只能是整数,表示序号类型从第几个编号开始。

9) 无序列表(ul,unordered list)

```
<ul type = "disc">
    <li>网页设计课程</li>
    <li>平面设计课程</li>
    <li>毕业设计</li>
</ul>
```

type 属性:序号类型,包括 disc(黑色实心圆点)、circle(空心圆环)或 square(正方形)。默认(不写)为 disc。

2.2.2 HTML5

HTML5 是 HTML 第 5 次重大修改后形成的。2014 年 10 月 29 日,万维网联盟宣布,经过将近 8 年的艰苦努力,该标准规范制定完成。HTML5 的设计目的是为了在移动设备上支持多媒体,因此引进了新的语法特征,如 video、audio 和 canvas 标记。HTML5 还引进了新的功能,可以真正改变用户与文档的交互方式。

目前主流的浏览器支持 HTML5,包括 Firefox(火狐浏览器)、IE9 及其更高版本、Chrome(谷歌浏览器)、Safari、Opera 等;国内的遨游浏览器(Maxthon),以及基于 IE 或 Chromium(Chrome 的工程版或称实验版)推出的 360 浏览器、搜狗浏览器、QQ 浏览器、猎豹浏览器等同样具备支持 HTML5 的能力。

HTML5 提供了一些新的元素和属性,例如<nav>(网站导航块)和<footer>。这种标签有利于搜索引擎的索引整理,同时更好地帮助小屏幕装置和视障人士使用。除此之外,它为其他浏览要素提供了新的功能,如<audio>和<video>标记。

一些过时的 HTML4 标记将被取消,其中包括纯粹显示效果的标记,如<font>和<center>,它们被 CSS 取代。

对于网页开发来说，HTML5 有如下重大变化。

1. 文档具有语义化特性

在 HTML4 中，文档不具有语义结构，实际上更多的是排版的作用。HTML5 通过一些新增的标记标识文档的语义，如下所述。

（1）section：定义文档中的节（区域）；

（2）header：页面上显示的页眉，与 head 元素不同；

（3）footer：页面上显示的页脚，一般用来显示网站版权信息或联系方式；

（4）nav：网站导航部分；

（5）article：指定网站的文章内容部分，如博客内容、杂志内容等。

使用这些结构化语义的元素，使得 HTML 代码更加容易识读，也让整个页面结构更清晰。

下面用一个简单的实例介绍如何在 Dreamweaver 中创建一个具有语义化特性的小页面。

【实例 2-2】 打开 Dreamweaver CS6，执行菜单命令"编辑"→"首选参数"，打开"首选参数"对话框，从中选择"新建文档"列表项，如图 2-3 所示。

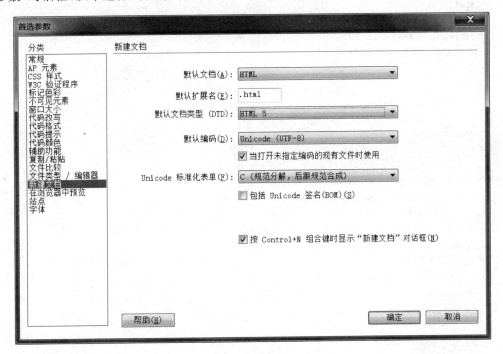

图 2-3 设置默认新建 HTML5 文档

在默认文档类型（DTD）的下拉列表框中选择"HTML5"，则今后新建的 HTML 文档自动以 HTML5 模板格式创建。

接着，通过菜单新建一个 HTML 文档，可以看到 HTML5 的模板，如图 2-4 所示。

在左侧的代码区编辑以下内容：

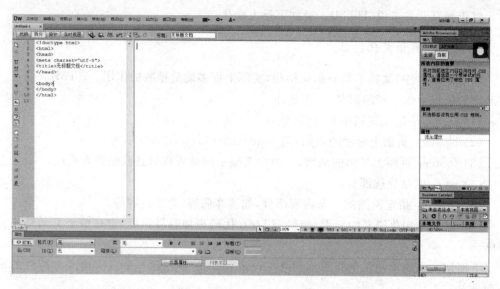

图 2-4　新建一个 HTML5 文档

```
<!DOCTYPE HTML>
<html>
<head>
<title>示例 2 - 2</title>
<meta charset = "utf - 8">
</head>
<body>
<header>
  <h1>小米的博客</h1>
</header>
<nav>
  <ul>
    <li><a href = "#">首页</a></li>
    <li><a href = "#">博文</a></li>
    <li><a href = "#">相册</a></li>
    <li><a href = "#">个人档案</a></li>
  </ul>
</nav>
<div id = "container">
  <section>
    <article>
      <header>
        <h1>HTML5</h1>
      </header>
      <p>HTML5 是下一代 HTML 的标准,目前仍然处于发展阶段。经过了 Web 2.0 时代,基于互联
网的应用已经越来越丰富,同时也对互联网应用提出了更高的要求。</p>
      <footer>
      <p>编辑于 2015.5</p>
    </footer>
  </article>
```

```
<article>
  <header>
    <h1>CSS3</h1>
  </header>
  <p>对于前端设计师来说,虽然 CSS3 不全是新的技术,但它却重启了一扇奇思妙想的窗口。
</p>
  <footer>
    <p>编辑于 2015.5</p>
  </footer>
</article>
</section>
<aside>
  <article>
    <h1>简介</h1>
    <p><a href='#'>HTML5 和 CSS3</a>正在掀起一场变革,它们不是在替代 Flash,而是正在
发展成为开放的 Web 平台,不但在移动领域建功卓著,而且向传统的应用程序发起挑战。</p>
  </article>
</aside>
<footer>
  <p>版权所有 2015</p>
  <p> </p>
</footer>
</div>
</body>
</html>
```

然后单击工具栏按钮,选择一个浏览器查看显示效果,如图 2-5 所示;也可以直接按 F12 键,用 IE 浏览器打开,显示效果如图 2-6 所示。

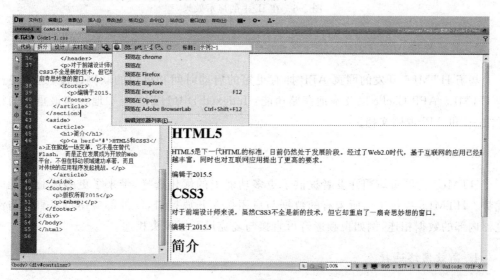

图 2-5　选择浏览器来预览/调试页面

这个页面看上去并不美观。没关系,下面用 CSS 控制页面的显示效果。

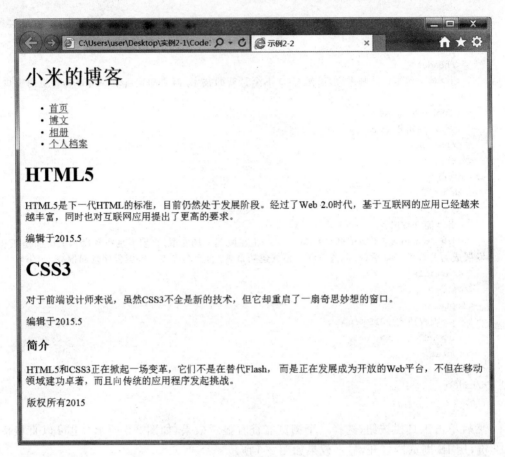

图 2-6　在 IE 中的显示效果

2. 本地存储

基于 HTML5 开发的网页 APP 拥有更短的启动时间和更快的联网速度，这些得益于 HTML5 APP Cache 以及本地存储功能：Indexed DB（HTML5 本地存储最重要的技术之一）和 API 说明文档。

3. 设备兼容

HTML5 为网页应用开发者提供了更多功能上的优化选择，带来了更多体验功能的优势。HTML5 提供了前所未有的数据与应用接入开放接口，使外部应用可以直接与浏览器内部的数据相连，例如视频影音可直接与麦克风及摄像头相连。

4. 高效网络连接

HTML5 拥有更有效的服务器推送技术，Server-Sent Event 和 WebSockets 就是其中的两个特性。这两个特性能够帮助服务器将数据"推送"到客户端。

5. 网页多媒体

支持网页端的 Audio、Video 等多媒体功能，与网站自带的 APPS、摄像头、影音功能相得益彰。

6. 三维、图形及特效

基于 SVG、Canvas、WebGL 及 CSS3 的 3D 功能，使用户惊叹在浏览器中呈现的视觉效果。

7. 性能与集成

HTML5 通过 XMLHttpRequest2 等技术解决了跨域等问题，使 Web 应用和网站在多样化环境中更快速地工作。

8. 支持 CSS3

在不牺牲性能和语义结构的前提下，CSS3 提供了更多的风格和更强的效果。此外，较之以前的 Web 排版，Web 的开放字体格式（WOFF）提供了更高的灵活性和控制性。

2.2.3 CSS 概述

在网页设计中，HTML 用于显示网页内容，而 CSS（Cascading Style Sheets，级联样式表）用来控制网页显示效果，例如字体、颜色、边距、高度、宽度、背景图像、高级定位等。

1. 基本语法

CSS 基本语法格式如图 2-7 所示。

图 2-7　CSS 基本语法格式

2. 定义 CSS 的方法

CSS 的定义一共有 3 种方式，分述如下。

1）行内样式表（style 属性）

每个 HTML 元素都可以设置 style 属性。以下代码通过行内样式表将段落背景设为红色。

```
<p style="background-color:#ff0000">
```

```
        这个段落是红色的
  </p>
```

2) 内部样式表(style 元素)

如果网页中所有的 p 元素都是红色背景,可以将这段样式写到 head 的 style 元素中,如下所示:

```
< html >
    < head >
        < styletype = "text/css">
            p {background - color: #ff0000;}
        </style >
    </head >
    < body >
        < p >
            这个段落是红色的
        </p >
    </body >
</html >
```

3) 外部样式表(引用一个样式表文件,link)

外部样式表是一个扩展名为 css 的文本文件,它通常存放于网站的某个目录下(如 style)。要在网页中引用一个外部样式表文件(如 style.css),可以在 HTML 文档的 head 部分创建一个指向外部样式表文件的链接(link),如下所示:

```
< link rel = "stylesheet" type = "text/css" href = "style/style.css" />
```

href 属性表示 CSS 文件的访问路径。

外部样式表是大部分网站采用的方式,它能灵活地管理整个网站的样式:一个网页可以在 head 部分引用多个 CSS 文件;相应地,同一个 CSS 文件可以被多个网页引用。在这种情况下,如果需要调整某个样式,仅需要修改对应的 CSS 文件中的内容。

3. CSS 选择器

(1) 通用元素选择器(*),匹配任何元素。

```
*   { margin:0; padding:0; }
```

(2) 标签选择器(E),匹配所有使用 E 标签的元素。

```
p { font - size:2em; }
```

(3) class 选择器(例如.info),匹配所有 class 属性中包含 info 的元素。

```
.info { background: #ff0; }
p. info { background: #ff0; }
```

(4) id 选择器(例如#footer),匹配所有 id 属性为 footer 的元素。

```
# info { background: #ff0; }
p# info { background: #ff0; }
```

4. CSS 背景属性(Background)

CSS 背景属性如表 2-1 所示。

表 2-1 CSS 背景属性

属　　　性	描　　　述
background	在一个声明中设置所有的背景属性
background-attachment	设置背景图像是否固定,或者随着页面的其余部分滚动
background-color	设置元素的背景颜色
background-image	设置元素的背景图像
background-position	设置背景图像的开始位置
background-repeat	设置是否及如何重复背景图像

CSS 背景属性代码如下所示。

```
/* 背景颜色 */
p {background-color: gray;}


/* 背景图片 */
body {background-image: url(/i/eg_bg_04.gif);}


/* 背景图片重复 */
body
{
    background-image: url(/i/eg_bg_03.gif);
    background-repeat: repeat-y;
}
```

5. CSS 边框属性(Border)

CSS 边框属性如表 2-2 所示。

表 2-2 CSS 边框属性

属　　　性	描　　　述
border	在一个声明中设置所有的边框属性
border-bottom	在一个声明中设置所有的下边框属性
border-bottom-color	设置下边框的颜色
border-bottom-style	设置下边框的样式
border-bottom-width	设置下边框的宽度
border-color	设置四条边框的颜色
border-left	在一个声明中设置所有的左边框属性
border-left-color	设置左边框的颜色
border-left-style	设置左边框的样式
border-left-width	设置左边框的宽度
border-right	在一个声明中设置所有的右边框属性

属　　性	描　　述
border-right-color	设置右边框的颜色
border-right-style	设置右边框的样式
border-right-width	设置右边框的宽度
border-style	设置四条边框的样式
border-top	在一个声明中设置所有的上边框属性
border-top-color	设置上边框的颜色
border-top-style	设置上边框的样式
border-top-width	设置上边框的宽度
border-width	设置四条边框的宽度

CSS 边框属性代码如下所示。

```
/*边框样式*/
p {border-style: solid; border-left-style: none;}

/*边框宽度*/
p {border-style: solid; border-width: 5px;}

/*边框颜色*/
p
{
    border-style: solid;
    border-color: blue red;
}
```

6. CSS 尺寸属性（Dimension）

CSS 尺寸属性如表 2-3 所示。

表 2-3　CSS 尺寸属性

属　　性	描　　述
height	设置元素高度
max-height	设置元素的最大高度
max-width	设置元素的最大宽度
min-height	设置元素的最小高度
min-width	设置元素的最小宽度
width	设置元素的宽度

7. CSS 字体属性（Font）

CSS 字体属性如表 2-4 所示。

表 2-4　CSS 字体属性

属　性	描　述
font	在一个声明中设置所有字体属性
font-family	规定文本的字体系列
font-size	规定文本的字体尺寸
font-size-adjust	为元素规定 aspect 值
font-stretch	收缩或拉伸当前的字体系列
font-style	规定文本的字体样式
font-variant	规定是否以小型大写字母的字体显示文本
font-weight	规定字体的粗细

CSS 字体属性代码如下所示。

```
/*指定字体系列*/
p
{
    font-family: Times, TimesNR, 'New Century Schoolbook',Georgia, 'New York', serif;
}

/*字体加粗*/
p.thick {font-weight:bold;}

/*字体大小*/
h2 {font-size:40px;}
h3 {font-size:2.5em;}

/*结合使用百分比和 EM*/
body {font-size:100%;}
h1 {font-size:3.75em;}
h2 {font-size:2.5em;}
p {font-size:0.875em;}
```

8. CSS 外边距属性（Margin）

CSS 外边距属性如表 2-5 所示。

表 2-5　CSS 外边距属性

属　性	描　述
margin	在一个声明中设置所有外边距属性
margin-bottom	设置元素的下外边距
margin-left	设置元素的左外边距
margin-right	设置元素的右外边距
margin-top	设置元素的上外边距

CSS 外边距属性代码如下所示。

```
/* h1 元素的各个边上设置了 1/4 英寸宽的空白*/
h1 {margin : 0.25in;}
```

```
/*
h1 元素的四个边分别定义了不同的外边距,所使用的长度单位是像素(px):
这些值的顺序是从上外边距(top)开始围着元素顺时针旋转的:
margin: top right bottom left
*/

h1 {margin : 10px 0px 15px 5px;}

/* 为 margin 设置一个百分比数值 */
p {margin : 10 % ;}
```

9. CSS 内边距属性(Padding)

CSS 内边距属性如表 2-6 所示。

表 2-6   CSS 内边距属性

属　　性	描　　述
padding	在一个声明中设置所有内边距属性
padding-bottom	设置元素的下内边距
padding-left	设置元素的左内边距
padding-right	设置元素的右内边距
padding-top	设置元素的上内边距

CSS 内边距属性代码如下所示。

```
/* h1 元素的各边都有 10 像素的内边距 */
h1 {padding: 10px;}

/*
按照上、右、下、左的顺序分别设置各边的内边距
各边均可以使用不同的单位或百分比值
*/
h1 {padding: 10px 0.25em 2ex 20 % ;}
```

10. CSS 定位属性(Positioning)

CSS 定位属性如表 2-7 所示。

表 2-7   CSS 定位属性

属　　性	描　　述
bottom	设置定位元素下外边距边界与其包含块下边界之间的偏移
clear	规定元素的哪一侧不允许其他浮动元素
clip	剪裁绝对定位元素
cursor	规定要显示的光标的类型(形状)
display	规定元素应该生成的框的类型
float	规定框是否应该浮动

续表

属 性	描 述
left	设置定位元素左外边距边界与其包含块左边界之间的偏移
overflow	规定当内容溢出元素框时发生的事情
position	规定元素的定位类型
right	设置定位元素右外边距边界与其包含块右边界之间的偏移
top	设置定位元素的上外边距边界与其包含块上边界之间的偏移
vertical-align	设置元素的垂直对齐方式
visibility	规定元素是否可见
z-index	设置元素的堆叠顺序

1）CSS 相对定位

相对定位是一个非常容易掌握的概念。如果对一个元素进行相对定位，它将出现在它所在的位置上。然后，通过设置垂直或水平位置，让这个元素"相对于"它的起点移动。

如果将"top"设置为"20 像素（px）"，那么框将在原位置顶部下面 20 像素的地方；如果"left"设置为"30 像素"，会在元素左边创建 30 像素的空间，也就是将元素向右移动，效果如图 2-8 所示。

```
#box_relative {
  position: relative;
  left: 30px;
  top: 20px;
}
```

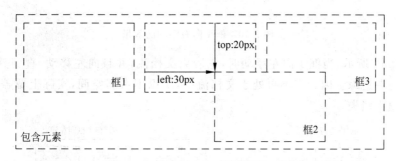

图 2-8　框 2 相对定位效果

2）CSS 绝对定位

绝对定位使元素的位置与文档流无关，因此不占据空间。这一点与相对定位不同。相对定位实际上被看作普通流定位模型的一部分，因为元素的位置是相对于它在普通流中的位置。普通流中其他元素的布局就像绝对定位的元素不存在一样。

```
#box_relative {
  position: absolute;
  left: 30px;
  top: 20px;
}
```

绝对定位的效果如图 2-9 所示。

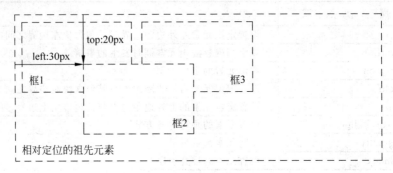

图 2-9　框 2 绝对定位的效果

3）CSS 浮动

如图 2-10 所示，当把框 1 向右浮动时，它脱离文档流，并且向右移动，直到其右边缘碰到包含框的右边缘。

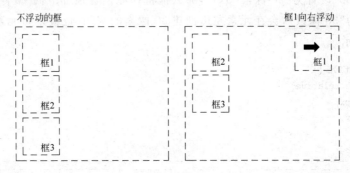

图 2-10　框 1 向右浮动的效果

如图 2-11 所示，当框 1 向左浮动时，它脱离文档流，并且向左移动，直到其左边缘碰到包含框的左边缘。因为它不再处于文档流中，所以不占据空间，实际上覆盖了框 2，使框 2 从视图中消失。

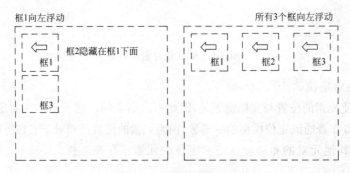

图 2-11　框 1 向左浮动的效果

如果把所有 3 个框都向左移动，那么框 1 向左浮动，直到碰到包含框；另外 2 个框向左浮动，直到碰到前一个浮动框。

如图 2-12 所示，如果包含框太窄，无法容纳水平排列的 3 个浮动元素，其他浮动块将向下移动，直到有足够的空间。如果浮动元素的高度不同，当它们向下移动时，可能被其他浮动元素"卡住"。

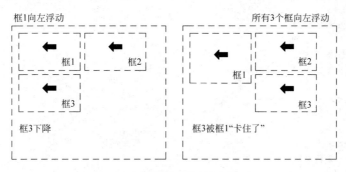

图 2-12　框 3 浮动块被"卡住了"

11. CSS 表格属性（Table）

CSS 表格属性如表 2-8 所示。

表 2-8　CSS 表格属性

属　　性	描　　述
border-collapse	规定是否合并表格边框
border-spacing	规定相邻单元格边框之间的距离
caption-side	规定表格标题的位置
empty-cells	规定是否显示表格中空单元格上的边框和背景
table-layout	设置用于表格的布局算法

CSS 表格属性代码如下。

```
/*合并表格边框(细边框)*/
table
{
    border-collapse:collapse;
}

table, td, th
{
    border:1px solid black;
}

<table>
    <tr>
        <th>
            列头 1
        </th>
        <th>
            列头 2
        </th>
```

```
        </tr>
        <tr>
            <td>
                1行1列
            </td>
            <td>
                1行2列
            </td>
        </tr>
        <tr>
            <td>
                1行1列
            </td>
            <td>
                2行2列
            </td>
        </tr>
</table>
```

这段代码的运行效果如下所示：

列头1	列头2
1行1列	1行2列
1行1列	2行2列

12. CSS文本属性(Text)

CSS文本属性如表2-9所示。

表2-9　CSS文本属性

属　　性	描　　述
color	设置文本的颜色
direction	规定文本的方向/书写方向
letter-spacing	设置字符间距
line-height	设置行高
text-align	规定文本的水平对齐方式
text-decoration	规定添加到文本的装饰效果
text-indent	规定文本块首行的缩进
text-shadow	规定添加到文本的阴影效果
text-transform	控制文本的大小写
white-space	规定如何处理元素中的空白
word-spacing	设置单词间距

CSS文本属性代码如下。

```
/*文字缩进*/
p {text-indent: 5em;}
```

```
/*没有下划线的超链接*/
a {text-decoration: none;}
```

下面用 CSS 来定义实例 2-2 的页面显示效果。

【实例 2-3】 在 Dreamweaver CS6 打开实例 2-2，然后新建一个 CSS 文档创建一个外部样式表，如图 2-13 所示。

图 2-13 新建 CSS 文档

在此文档中编辑下列代码：

```
body {
    font-family:Arial, Helvetica, sans-serif;
    margin:0px auto;
    max-width:700px;
    border:solid 0;
    border-color:#999;
    background-color:#ccc;
    padding:5px;
}
h1, h2, h3 {
    margin:0px;
    padding:0px;
}
h1 {
    font-size:36px;
}
h2 {
    font-size:24px;
    text-align:center;
}
h3 {
    font-size: 18px;
    text-align: center;
```

```css
        color: #0099FF;
    }
    header {
        background-color: #fff;
        display:block;
        color: #666;
        text-align:center;
        border-bottom:2px solid #FFF;
    }
    header h1{
        margin:0px;
        padding:5px;
        font-size:30px;
    }
    header p{
        margin:0px;
        padding:0;
        font-size:16px;
    }
    nav {
        text-align:left;
        display:block;
        background-color: #0099FF;
        height:30px;
        border-bottom:1px solid #333;
    }
    nav ul {
        padding:0;
        margin:0;
        list-style:none;
    }
    nav ul li{
        float:left;
        margin-left:20px;

    }
    nav ul li:hover{
        background-color: #666;

    }
    nav a:link, nav a:visited {
        display:block;
        text-decoration:none;
        font-weight:bold;
        margin:5px;
        color: #e4e4e4;
    }
    nav a:hover {
        color: #FFFFFF;
    }
```

```
nav h3 {
    margin:15px;
    color:#fff;
}
#container {
    background-color:#fff;
    text-align:left;
}
section {
    display:block;
    width:75%;
    float:left;
}
article {
    text-align:left;
    display:block;
    margin:10px;
    padding:10px;
    border:1px solid #0099FF;
}
article header {
    text-align:left;
    border-bottom:1px dashed #0099FF;
    padding:5px;
}
article header h1{
    font-size:18px;
    line-height:25px;
    padding:0;
}
article footer {
    text-align:left;
    padding:5px;
}
aside {
    text-align:left;
    display:block;
    width:25%;
    float:left;
}
aside article{
    background:#e4e4e4;
    border:1px solid #ccc;
}
aside h1 {
    margin:10px;
    color:#666;
    font-size:18px;
}
aside p {
```

```
        margin:10px;
        color:＃666;
        line－height:22px;
    }
    footer {
        display:block;
        clear:both;
        border－top:1px solid ＃0099FF;
        color:＃666;
        text－align:center;
        padding:10px;
    }
    footer p {
        font－size:14px;
        color:＃666;
        margin:0;
        padding:0;
    }
    p{
        font－size:14px;
    }
    a {
        color:＃0099FF;
    }
    a:hover {
        text－decoration:underline;
        cursor:pointer;
    }
```

　　把上述 CSS 文档保存在和 HTML 文档相同的文件夹下，并为其命名，如 2-2. css。接下来，在实例 2-2 的 HTML 文档源代码的＜head＞＜/head＞中加入下述代码，用来指定样式表的链接，如图 2-14 所示。

```
< link rel = 'stylesheet' type = "text/css" href = "2 － 2. css">
```

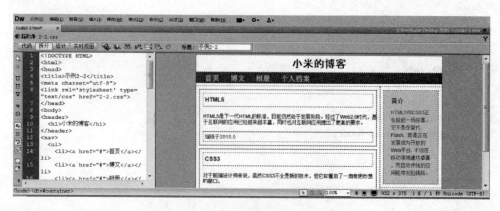

图 2-14　在源代码中加入 CSS 文档的应用

再用浏览器预览，发现页面显示生动、美观了很多，如图 2-15 所示。

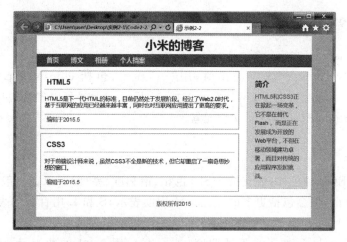

图 2-15 加入 CSS 后，实例 2-2 的显示效果

2.2.4 CSS3

CSS3 是 CSS 技术的升级版本。CSS3 语言开发朝着模块化发展。以前的规范作为一个模块实在太庞大，而且比较复杂，所以把它分解为一些小的模块，更多新的模块也被加入进来，包括盒子模型、列表模块、超链接方式、语言模块、背景和边框、文字特效、多栏布局等。

相比上个版本 CSS2.1 来说，CSS3 有如下比较重要的改进。

1．边框

（1）border-color：控制边框颜色，并且有了更大的灵活性，可以产生渐变效果。

（2）border-image：控制边框图像。

（3）border-corner-image：控制边框边角的图像。

（4）border-radius：产生类似圆角矩形的效果。

2．背景

（1）background-origin：决定背景在盒模型中的初始位置，提供了 3 个值，即 border、padding 和 content。

（2）border：控制背景起始于左上角的边框。

（3）padding：控制背景起始于左上角的留白。

（4）content：控制背景起始于左上角的内容。

（5）background-clip：决定边框是否覆盖背景（默认是不覆盖），提供了两个值，即 border 和 padding。其中，border 会覆盖背景，而 padding 不会覆盖背景。

（6）background-size：指定背景大小，以像素或百分比显示。当指定为百分比时，大小由所在区域的宽度、高度以及 background-origin 的位置决定。

（7）multiple backgrounds：多重背景图像，可以把不同背景图像放到一个块元素里。

3. 文字效果

（1）text-shadow：文字投影。

（2）text-overflow：当文字溢出时，用"…"提示，包括 ellipsis、clip、ellipsis-word、inherit。前两个 CSS2 就有了，还是部分支持。ellipsis-word 可以省略最后一个单词，对中文意义不大；inherit 可以继承父级元素。

4. 颜色

除了支持 RGB 颜色外，还支持 HSL（色相、饱和度、亮度）。以前一般都是作图的时候使用 HSL 色谱，但会包括更多的颜色。H 用度表示，S 和 L 用百分比表示，比如 HSL（0，100%，50%）。

（1）HSLA colors：加了个不透明度（Apacity），用 0～1 的数表示，比如 HSLA（0，100%，50%，0.2）。

（2）opacity：直接控制不透明度，用 0～1 的数来表示。

（3）RGBA colors：和 HSLA colors 类似，加了个不透明度。一直以来，浏览器无法实现单纯的颜色透明，每次使用 Alpha 后，会把透明的属性继承到子节点上。换句话说，很难实现背景颜色透明而文字不透明的效果，直到 RGBA 颜色出现，这一切成为现实。

实现这样的效果非常简单，设置颜色的时候使用标准的 rgba() 单位即可。例如 rgba（255，0，0，0.4），就出现一个红色同时拥有 Alpha 透明为 0.4 的颜色。

经过测试，Firefox 3.0、Safari 3.2、Opera 10 都支持 RGBA 单位。

5. 动画属性

动画属性包括变形（transform）、转换（transition）和动画（animation）。

transform：包括旋转（rotate）、扭曲（skew）、缩放（scale）和移动（translate）以及矩阵变形（matrix）等参数。

transition 主要包含 4 个属性值：执行变换的属性（transition-property）、变换延续的时间（transition-duration）、在延续时间段变换的速率变化（transition-timing-function）、变换延迟时间（transition-delay）。

6. 用户界面

resize：可以由用户自己调整 div 的大小，设置 horizontal（水平）或 vertical（垂直）参数；或者 both（同时）调整。如果加上 max-width 或 min-width，还可以防止破坏布局。

7. 选择器

CSS3 增加了更多 CSS 选择器，实现更简单，但是更强大的功能，比如 nth-child() 等。

Attribute selectors：在属性中可以加入通配符，包括 ^、$ 和 *。

2.3 网站规划与设计

　　个人主页是指因特网(Internet)上一块固定的面向全世界发布消息的地方,通常包括主页和其他具有超链接文件的页面。个人主页是指个人因某种兴趣、拥有某种专业技术、提供某种服务或是为了把自己的作品、商品展示、销售而制作的具有独立空间域名的网站。

　　单页网站作为一个流行趋势,已有一段时间了,但其受欢迎的程度没有任何减少。这种页面设计方法不适用于每个项目,但有时它是合适的,是有意义的。例如,若没有很多内容,而且这些内容在未来不会增长很多,将其制作成单页网站(Single Page Websites)的形式是很好的选择。本章设计的个人主页是一个类似于"个人简历"的网站,为了方便发布,将其设计为单页的,包括的模块如表 2-10 所示。

表 2-10　网站模块

序　　号	模 块 名 称	说　　明
1	导航	一组超链接
2	个人简介	图文
3	个人履历	表格
4	个人荣誉	表格
5	照片集	图集
6	作品集	图集
7	与我联系	图片＋文字

2.4 导 航 模 块

1. 新建网页

　　使用网页设计工具,新建一个站点。在站点中,添加一个名为 index.htm 的网页,按如下内容编辑网页代码:

```
<! DOCTYPE html >
< html >
    < head >
        <title>个人主页</title>
    </head >

    < body >
        < div id = "nav">
            < h1 >×××的个人简介</h1 >
        </div >
    </body >
```

```
</html>
```

代码说明如下：

<! DOCTYPE html>声明当前网页是 HTML5 版本。为了说明文档使用的超文本标记语言标准，所有超文本标记语言文档应该以"文件类型声明"（外语全称加缩写<! DOCTYPE>）开头，引用一个文件类型描述，或者在必要情况下自定义一个文件类型描述。

<html>与</html>之间的文本描述网页，说明该文件是用超文本标记语言描述的。<html>是文件的开头，</html>表示该文件的结尾，它们是超文本标记语言文件的开始标记和结尾标记。

<head>与</head>之间的内容表示网页头部信息。头部中包含的标记是页面的标题、关键字、说明等内容，它本身不作为内容显示，但影响网页显示的效果。

<title>与</title>之间的文本是网页标题，出现在浏览器的标题栏。如果网页被收藏，网页标题被用作书签和收藏清单的项目名称。

<body>与</body>之间的文本是可见的页面内容。

<div id="nav">表示这个 div 元素的 id 为 nav（navigation，导航）。在网页设计中，一般用 nav 表示导航元素。<div>元素是块级元素（独占一整行，浏览器会在其前后自动换行），它是 HTML 中最常用的容器，用于组合多种 HTML 元素。

<h1>与</h1>之间的文本被显示为标题。在 HTML 中，专用于显示标题（Heading）的元素通过<h1>～<h6>标签定义，h1 表示最大级别的标题，h6 则最小。

2. 添加各个模块的内容区域

在网页中，除了导航区域外，还需要其他内容区域。可以先将这些区域的框架添加到网页中，以便网页调试。将如下代码添加到<div id="nav">…</div>之后：

```
< div id = "info1">
    <! -- 个人简介 -->
</div>
< div id = "info2">
    <! -- 个人履历 -->
</div>
< div id = "info3">
    <! -- 个人荣誉 -->
</div>
< div id = "info4">
    <! -- 照片集 -->
</div>
< div id = "info5">
    <! -- 作品集 -->
</div>
< div id = "info6">
    <! -- 与我联系 -->
</div>
```

＜！－－...－－＞表示一段注释,不会显示在浏览器中。使用注释对代码进行解释,有助于以后编辑代码。这在编写大量代码时尤其有用。

3. 制作导航超链接

在＜div id＝"nav"＞＜/div＞中的 h1 元素后,添加如下超链接代码：

```
< a href = "♯info6">与我联系</a>
< a href = "♯info5">作品</a>
< a href = "♯info4">工作经历</a>
< a href = "♯info3">专长</a>
< a href = "♯info2">教育经历</a>
< a href = "♯info1">简介</a>
```

代码说明如下：

＜a＞标签是指超链接。点击超链接,可以从一张页面跳转到另一张页面。超链接可以是一个字、一个词,或者一组词,也可以是一幅图像,点击这些内容跳转到新的文档或者当前文档中的某个部分。默认情况下,当把鼠标指针移动到网页中的某个链接上时,箭头变为一只小手。

href 是 a 元素最重要的一个属性,用于表示连接的目标地址。href 的属性值可以是一个网址,如 href＝"http://www.qq.com"；也可以是一个站内地址,如 href＝"index.htm"；还可以是指向文档内某个元素的"锚",如 href＝"♯info6"。很显然,在当前情况下,超链接就是指向 id＝info6 的这个元素(注意,href 的属性值中,♯表示 id)。

4. 设置网页元素样式

当前情况下,网页十分单调,也没有内容。下面使用 CSS 设置网页元素的样式。CSS 指层叠样式表(Cascading Style Sheets),用于定义如何显示 HTML 元素。CSS 通常在以下 4 个位置定义：

(1) 浏览器缺省设置,各个浏览器有所不同,无法直接修改。

(2) 外部样式表,通常是一个后缀名为.css 的文本文件。

(3) 内部样式表,通常位于＜head＞内部,格式为＜style＞…＜/style＞。

(4) 内联样式,在 HTML 元素内部,以 style 作为属性名称,例如＜div style＝"color:red"＞＜/div＞。

在本项目中,使用第(3)种(内部样式表)方式定义。在＜head＞内部添加如下 CSS 代码：

```
< style type = "text/css">
body {
    margin:0px;
    padding:0px;
    font - size:14px;
}
♯nav {
    height:60px;
```

```
            background - color:#fff;
            border - bottom:1px solid #ccc;
    }
    #nav > h1 {
            font - size:2em;
            font - weight:bold;
            padding:0px 10px;
            margin:0px;
            float:left;
            line - height:60px;
    }
    #nav > a {
            font - size:1.2em;
            float:right;
            display:block;
            text - decoration:none;
            color:#666;
            padding:0px 20px;
            margin:10px;
            border - top:4px solid transparent;
            line - height:40px;
    }
    #nav > a:hover {
            border - top:4px #639 solid;
    }
    .container {
            padding:20px;
            float:none;
            clear:both;
    }
    .container > h2 {
            font - size:1.6em;
            font - weight:bold;
            text - align:left;
            padding:10px 0px;
    }
    .bg - primary {
            background - color:#639;
            color:#fff;
    }
    .bg - default {
            background - color:#fff;
            color:#000;
    }
    .bg - info {
            background - color:#eee;
            color:#000;
    }
    </style>
```

代码说明如下：

body{…}表示设置 body 元素的样式。因为 body 元素是整个网页可见区域的根元素，所以把 body 元素的样式看成整个网页的通用样式。在 CSS 中，以元素名称命名的样式称为元素选择器（又称为类型选择器）。该样式将被应用到所有指定名称的元素。

♯nav{…}表示设置 id 值为 nav 的元素样式。CSS 中，以元素 id 命名的样式称为 ID 选择器。该样式将被应用到某一个具体的元素上。

♯nav＞h1{}表示设置 id 值为 nav 的元素的 h1 子元素的样式。CSS 中，用"＞"表示元素的父子关系，称为子元素选择器。

.container{}表示定义一个名为 container 的 CSS 样式类，称为类选择器。为了将类选择器的样式与元素关联，必须将类选择器的名称指定到元素的 class 属性值中，例如＜div class＝"container "＞…＜/div＞。

为了将上述 CSS 代码中定义的样式应用元素，需要调整元素的 HTML 代码。调整后，index.htm 的代码如下所示：

```
<!DOCTYPE html>
<html>
    <head>
        <title>
            个人主页
        </title>
        <style type = "text/css">
                body {
                    margin:0px;
                    padding:0px;
                    font-size:14px;
                }
                #nav {
                    height:60px;
                    background-color:#fff;
                    border-bottom:1px solid #ccc;
                }
                #nav > h1 {
                    font-size:2em;
                    font-weight:bold;
                    padding:0px 10px;
                    margin:0px;
                    float:left;
                    line-height:60px;
                }
                #nav > a {
                    font-size:1.2em;
                    float:right;
                    display:block;
                    text-decoration:none;
                    color:#666;
                    padding:0px 20px;
```

```
                margin:10px;
                border - top:4px solid #fff;
                line - height:40px;
            }
            #nav > a:hover {
                border - top:4px #639 solid;
            }
            .container {
                padding:20px;
                float:none;
                clear:both;
            }
            .container > h2 {
                font - size:1.6em;
                font - weight:bold;
                text - align:left;
                padding:10px 0px;
            }
            .bg - primary {
                background - color: #639;
                color: #fff;
            }
            .bg - default {
                background - color: #fff;
                color: #000;
            }
            .bg - info {
                background - color: #eee;
                color: #000;
            }
        </style>
    </head>


    <body>
        <div id = "nav">
            <h1>
                ×××的个人简介
            </h1>
            <a href = "#info6">
                与我联系
            </a>
            <a href = "#info5">
                作品集
            </a>
            <a href = "#info4">
                照片集
            </a>
            <a href = "#info3">
                个人荣誉
```

```
        </a>
        <a href = "#info2">
            个人履历
        </a>
        <a href = "#info1">
            个人简介
        </a>
    </div>
    <div id = "info1" class = "container bg - primary">
        <h2>
            About me
        </h2>
    </div>
    <div id = "info2" class = "container bg - info">
        <h2>
            教育及培训经历
        </h2>
        <h2>
            工作经历
        </h2>
    </div>
    <div id = "info3" class = "container bg - default">
        <h2>
            个人荣誉
        </h2>
    </div>
    <div id = "info4" class = "container bg - info">
        <h2>
            照片集
        </h2>
    </div>
    <div id = "info5" class = "container bg - default">
        <h2>
            作品集
        </h2>
    </div>
    <div id = "info6" class = "container bg - primary">
        <h2>
            与我联系
        </h2>
    </div>
    </body>

</html>
```

2.5 个人简介模块

1. 准备网页素材

本模块中,需要的素材为一张个人照片(jpg 格式)以及一段个人简介的文字。要注意的是,由于本模块的背景颜色为深色,所以请选择浅色调的照片,以增加对比度。

在站点根目录下创建名为"img"的子目录,然后将照片命名为 headimg.jpg,并复制到"img"中。由于网页中会用到很多图片资源,所以把所有的图片资源统一放在一个文件夹中比较容易管理。

2. 添加网页内容

将如下 HTML 代码添加到<div id="info1"></div>元素内部:

```
< div id = "info1" class = "container bg - primary">
< img class = "headimg" src = "img/headimg.jpg" />
    < h2 >
        About me
    </h2>
    < p class = "text">
        你好,欢迎访问我的个人网站,我是×××,是一名网页设计师,主要从事企业网站建设及淘宝阿里巴巴店铺装修,网页设计是我的工作也是我的兴趣爱好,希望以后继续努力,做更好的网站,呵呵!
    </p>
    < p class = "text">
        本人性格开朗,乐于助人,无论是在生活中还是在工作中,人缘都很好,我这样的性格有助于加强整个工作团队的凝聚力。对待工作,我一直都保持着一个比较认真的态度,我的工作能力很强,在处理问题的过程中,能力一直是很高的,对于专业知识的掌握很好,所以能够胜任这项工作。在工作中,我一直都具备较强的责任心,创意丰富的我,相信一定能够在 IT 行业中发光发热。在工作中,处理问题的能力很强,丰富的工作经验,也就能够看出,我在工作中不俗的能力了。
    </p>
</div>
```

代码说明如下:

<img class="headimg" src="img/headimg.jpg" />是一个图片元素,图片的资源(src)为 headimg.jpg。因为之前把图片放在了 img 子目录下,所以在填写图片 src 属性值时,需要带上路径,否则浏览器将无法找到该图片。值得注意的是,这个 img 元素有一个 class(CSS 类名称)。这个 class 将在下面一步设计。

<h2></h2>表示当前模块的二级标题。因为在导航模块中使用了 h1 作为网页的一级标题,所以这里使用 h2 作为二级标题。在当前的 CSS 定义(.container>h2 子元素选择器)中,h2 是 container 类之下的,所以如果要使 h2 的样式起效,HTML 的格式必须是如下形式:

```
< xxx class = " container">
    < h2 ></h2>
</xxx>
```

<p class="text"></p>表示当前模块的正文部分。与 title 类似,text 也是在 container 类之下的。

在当前的 CSS 定义(.container>.text 子元素选择器)中,text 类是 container 类之下的,所以如果要使 text 类的样式起效,HTML 的格式必须是如下形式:

```
< xxx class = " container">
    < yyy class = "text"></yyy >
</xxx >
```

3. 添加网页样式

将如下 CSS 代码添加到网页头的＜style＞＜/style＞元素中：

```
.container > .headimg {
    margin: 10px auto;
    width: 200px;
    height: 200px;
    display: block;
}
.container > .text {
    font - size:1em;
    text - align:left;
    line - height:1.5em;
}
```

4. 效果图

网页中的显示效果如图 2-16 所示。

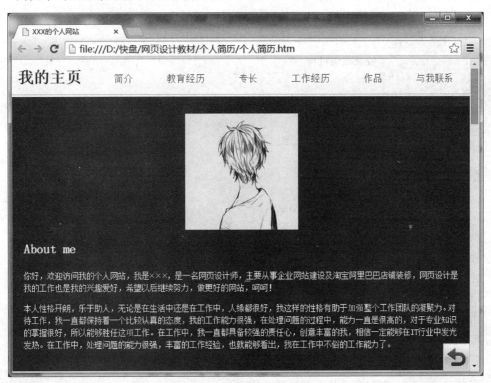

图 2-16 个人简介模块

2.6　个人履历模块

1. 准备网页素材

在本模块,需要将个人履历添加到网页中。作为在校学生,履历一般分为教育经历和工作经历。

教育经历可以从小学开始记录,一直到当前;如果中间有参加培训班的经历,应该尽量添加其中,所需信息包括学校及培训机构、起讫时间、主修专业/技能、学历及是否毕业/结业、佐证人及电话。

工作经历方面的内容可能比较少,主要包括企业实习、社会实践等,所需信息包括就职企业、起讫时间、职位、薪酬、离职原因、佐证人及电话。

2. 添加网页内容

将如下 HTML 代码添加到<div id="info2"></div>元素内部:

```
<div id = "info2" class = "container bg - info">
    <h2>
        教育及培训经历
    </h2>
    <table class = "table">
        <tr>
            <th>
                学校及培训机构
            </th>
            <th>
                起讫时间
            </th>
            <th>
                主修专业/技能
            </th>
            <th>
                学历及是否毕业/结业
            </th>
            <th>
                佐证人及电话
            </th>
        </tr>
        <tr>
            <td>
                ××小学
            </td>
            <td>
                2004 年 9 月至 2010 年 7 月
            </td>
```

```
        <td>
        </td>
        <td>
            小学
        </td>
        <td>
            ×××12345678901
        </td>
    </tr>
    <tr>
        <td>
            ××初中
        </td>
        <td>
            2010 年 9 月至 2013 年 7 月
        </td>
        <td>
        </td>
        <td>
            初中
        </td>
        <td>
            ×××12345678901
        </td>
    </tr>
    <tr>
        <td>
            ××高中
        </td>
        <td>
            2013 年 9 月至 2016 年 7 月
        </td>
        <td>
        </td>
        <td>
            高中
        </td>
        <td>
            ×××12345678901
        </td>
    </tr>
    <tr>
        <td>
            ××大学
        </td>
        <td>
            2016 年 9 月至今
        </td>
        <td>
```

```
            软件技术
        </td>
        <td>
            本科
        </td>
        <td>
            ×××12345678901
        </td>
    </tr>
</table>
<h2>
    工作经历
</h2>
<table class="table">
    <tr>
        <th>
            就职企业
        </th>
        <th>
            起讫时间
        </th>
        <th>
            职位
        </th>
        <th>
            薪酬
        </th>
        <th>
            离职原因
        </th>
        <th>
            佐证人及电话
        </th>
    </tr>
    <tr>
        <td>
            ××有限公司
        </td>
        <td>
            2014年7月至2016年8月
        </td>
        <td>
            网站编辑(实习)
        </td>
        <td>
            3000
        </td>
        <td>
            暑期实习
```

```
        </td>
        <td>
            ×××12345678901
        </td>
    </tr>
    <tr>
        <td>
            ××有限公司
        </td>
        <td>
            2014 年 7 月至 2016 年 8 月
        </td>
        <td>
            网站编辑(实习)
        </td>
        <td>
            3000
        </td>
        <td>
            暑期实习
        </td>
        <td>
            ×××12345678901
        </td>
    </tr>
    <tr>
        <td>
            ××有限公司
        </td>
        <td>
            2014 年 7 月至 2016 年 8 月
        </td>
        <td>
            网站编辑(实习)
        </td>
        <td>
            3000
        </td>
        <td>
            暑期实习
        </td>
        <td>
            ×××12345678901
        </td>
    </tr>
</table>
</div>
```

代码说明如下：

<table class="table"></table>是一个表格元素。table 是一个复合元素,一般包含 tr(行)、th(标题单元格)、td(普通单元格)等元素。table 的基本格式如下所示:

```
<table>
    <tr>
        <td>
            第1行第1列
        </td>
        <td>
            第1行第2列
        </td>
    </tr>
    <tr>
        <td>
            第2行第1列
        </td>
        <td>
            第2行第2列
        </td>
    </tr>
</table>
```

在网页中,为当前表格设置了 class="table"。这个 table 类将在下一步设计。

3. 添加网页样式

将如下 CSS 代码添加到网页头的<style></style>元素中:

```
.table {
    border: 1px solid#000;
    border - collapse: collapse;
    width: 100 % ;
    margin: 10px;
}
.table td {
    border: 1px solid#000;
    border - collapse: collapse;
    padding: 10px;
    font - size: 1.2em;
}
.table th {
    border: 1px solid#000;
    border - collapse: collapse;
    font - weight: bold;
    text - align: center;
    padding: 10px;
}
```

代码说明如下:

.table td 是后代选择器,含义是:td 元素必须出现在 class=".table"元素中(只要是后代元素,不一定是子元素)。td 元素是 table 元素的第 2 层子元素(第 1 层是 tr),如果用子元素选择器,应该写为.table>tr>td 的格式,这样不是很方便,所以采用后代选择器的方式.. table th 也同理。

border:1px solid#000;表示边框为 1 像素、实线、黑色。这个 CSS 属性在上述 3 个 CSS 选择器中都有定义,所以表格以及单元格都有边框。为了避免边框重复造成"粗边框",设置 border-collapse:collapse;属性,表示边框合并,就有了"细边框"的效果。

4. 效果图

个人履历模块效果图如图 2-17 所示。

教育及培训经历

学校及培训机构	起讫时间	主修专业/技能	学历及是否毕业/结业	佐证人及电话
XX小学	2004年9月 至 2010年7月		小学	××× 12345678901
XX初中	2010年9月 至 2013年7月		初中	××× 12345678901
XX高中	2013年9月 至 2016年7月		高中	××× 12345678901
XX大学	2016年9月 至今	软件技术	本科	××× 12345678901

图 2-17　个人履历模块

2.7　个人荣誉模块

1. 准备网页素材

在本模块,需要将个人荣誉添加到网页中,所需信息包括时间、荣誉名称、授予单位、级别。

2. 添加网页内容

将如下 HTML 代码添加到<div id="info3"></div>元素内部:

```
<div id = "info3" class = "container bg - default">
    <h2>
        个人荣誉
    </h2>
    <table class = "table">
        <tr>
            <th>
                时间
            </th>
            <th>
                荣誉名称
```

```
        </th>
        <th>
            授予单位
        </th>
        <th>
            级别
        </th>
    </tr>
    <tr>
        <td>
            2013 年
        </td>
        <td>
            ××省英语口语比赛第 2 名
        </td>
        <td>
            ××省教育厅
        </td>
        <td>
            省级
        </td>
    </tr>
    <tr>
        <td>
            2013 年
        </td>
        <td>
            ××市平面设计大赛 1 等奖
        </td>
        <td>
            ××市教育局
        </td>
        <td>
            市级
        </td>
    </tr>
    <tr>
        <td>
            2014 年
        </td>
        <td>
            ××市网页设计竞赛 3 等奖
        </td>
        <td>
            ××市教育局
        </td>
        <td>
            市级
        </td>
```

```
        </tr>
    </table>
</div>
```

本模块的代码结构与"2.6 个人履历模块"一样，这里不再解释。

2.8 照片集模块

1. 准备网页素材

在本模块，需要选择至少 8 张合适的个人照片添加到网页中。尽量选择横向的照片，以便在浏览器中浏览。为了方便排版，将照片尺寸统一设置为长度 180px、宽度 120px。

2. 添加网页内容

将如下 HTML 代码添加到<div id＝"info4"></div>元素内部：

```
<div id = "info4" class = "container bg - default">
    <h2>
        照片集
    </h2>
    <div class = "thumbnail - primary">
        <img src = "img/photo01.jpg" />
        <p>
            个人照片 01
        </p>
    </div>
    <div class = "thumbnail - primary">
        <img src = "img/photo02.jpg" />
        <p>
            个人照片 02
        </p>
    </div>
    <div class = "thumbnail - primary">
        <img src = "img/photo03.jpg" />
        <p>
            个人照片 03
        </p>
    </div>
    <div class = "thumbnail - primary">
        <img src = "img/photo04.jpg" />
        <p>
            个人照片 04
        </p>
    </div>
    <div class = "thumbnail - primary">
        <img src = "img/photo05.jpg" />
        <p>
```

```
            个人照片 05
        </p>
    </div>
    < div class = "thumbnail - primary">
        < img src = "img/photo06. jpg" />
        < p >
            个人照片 06
        </p>
    </div>
    < div class = "thumbnail - primary">
        < img src = "img/photo07. jpg" />
        < p >
            个人照片 07
        </p>
    </div>
    < div class = "thumbnail - primary">
        < img src = "img/photo08. jpg" />
        < p >
            个人照片 08
        </p>
    </div>
</div>
```

代码说明如下：

＜div class＝"thumbnail-primary"＞＜/div＞是一个照片的容器,里面有一个 img 元素(显示照片)以及一个 p 元素(显示照片标题)。

thumbnail-primary 是一个 CSS 自定义类,具体定义的代码在下一步设计。

3. 添加网页样式

将如下 CSS 代码添加到网页头的＜style＞＜/style＞元素中：

```
.thumbnail - primary {
    width: 200px;
    margin: 10px;
    float: left;
    border: 1px solid # 639;
}
.thumbnail - primary > img {
    width: 180px;
    height: 120px;
    border: 4px solid # fff;
    display: block;
    margin: 6px 6px 6px 6px;
}
.thumbnail - primary > p {
    text - align: center;
    font - size: 1em;
    line - height: 3em;
```

```
        background - color: #639;
        color: #fff;
        margin: 0px;
    }
```

代码说明如下：

thumbnail-primary 是一个自定义类，定义了照片容器的尺寸（width）、外边距（margin）、边框（border）及浮动（float）。

. thumbnail-primary＞img 使用子元素选择器的方式定义照片容器中 img 元素（照片）的样式。类似地，. thumbnail-primary＞p 使用子元素选择器的方式定义照片容器中 p 元素（标题）的样式。值得注意的是，p 元素的样式中设置"line"→"height"（行高）为 3em，但"font"→"size"（字体大小）为 1em。这时，元素中的文字自动在行中垂直居中。

2.9 作品集模块

1. 准备网页素材

在本模块，需要选择至少 8 张合适的作品截图添加到网页中。尽量选择横向的照片，以便在浏览器中浏览。为了方便排版，将照片的尺寸统一设置为长度 180px、宽度 120px。

2. 添加网页内容

将如下 HTML 代码添加到＜div id="info5"＞＜/div＞元素内部：

```
< div id = "info5" class = "container bg - default">
    < h2 >
        作品集
    </h2 >
    < div class = "thumbnail - default">
        < img src = "img/work01. jpg" />
        < p >
            个人作品 01
        </p >
    </div >
    < div class = "thumbnail - default">
        < img src = "img/ work02. jpg" />
        < p >
            个人作品 02
        </p >
    </div >
    < div class = "thumbnail - default ">
        < img src = "img/ work03. jpg" />
        < p >
            个人作品 03
        </p >
```

```
        </div>
        < div class = "thumbnail - default ">
            < img src = "img/ work04. jpg" />
            < p >
                个人作品 04
            </p>
        </div >
        < div class = "thumbnail - default ">
            < img src = "img/ work05. jpg" />
            < p >
                个人作品 05
            </p>
        </div >
        < div class = "thumbnail - default ">
            < img src = "img/ work06. jpg" />
            < p >
                个人作品 06
            </p>
        </div >
        < div class = "thumbnail - default ">
            < img src = "img/ work07. jpg" />
            < p >
                个人作品 07
            </p>
        </div >
        < div class = "thumbnail - default ">
            < img src = "img/ work08. jpg" />
            < p >
                个人作品 08
            </p>
        </div >
    </div>
```

代码说明如下：

＜div class＝"thumbnail-default"＞＜/div＞是一个照片的容器，里面有一个 img 元素（显示照片）以及一个 p 元素（显示照片标题）。

thumbnail-default 是一个 CSS 自定义类，具体定义的代码在下一步设计。

3. 添加网页样式

将如下 CSS 代码添加到网页头的＜style＞＜/style＞元素中：

```
.thumbnail - default{
    width: 200px;
    margin: 10px;
    float: left;
    border: 1px solid#ccc
}
.thumbnail - default > img {
    width: 180px;
```

```
    height: 120px;
    border: 4px solid#fff;
    display: block;
    margin: 6px 6px 6px 6px
}
.thumbnail - default > p {
    text - align: center;
    font - size: 1em;
    line - height: 3em;
    background - color: #ccc;
    color: #000;
    margin: 0px
}
```

代码说明如下：

thumbnail-default 与"2.8 照片集模块"中的 thumbnail-primary 功能类似。由于这两个模块的区域是在一起的，为了有所区别，用另一种颜色系列来显示。

4. 效果图

作品集模块效果图如图 2-18 所示。

图 2-18 作品集模块

2.10 "与我联系"模块

1. 准备网页素材

在本模块，请根据实际情况，准备如表 2-11 所示信息。

表 2-11 网页素材准备

联系信息	图 片	格 式	尺 寸
姓名	icon01.png	透明 PNG 图片	32px×32px
手机	icon02.png	透明 PNG 图片	32px×32px
QQ 号	icon03.png	透明 PNG 图片	32px×32px
E-mail	icon04.png	透明 PNG 图片	32px×32px
联系地址	icon05.png	透明 PNG 图片	32px×32px

2. 添加网页内容

将如下 HTML 代码添加到<div id="info6"></div>元素内部：

```
<div id="info6" class="container bg-primary">
    <h2>
        与我联系
    </h2>
    <div class="icon icon-icon01">
        姓名
    </div>
    <div class="icon icon-icon02">
        12345678901
    </div>
    <div class="icon icon-icon03">
        1234567890
    </div>
    <div class="icon icon-icon04">
        1234567890@qq.com
    </div>
    <div class="icon icon-icon05">
        ×××大学
    </div>
</div>
```

代码说明如下：

<div class="icon icon-icon01"></div>是一个联系方式的容器，里面的内容为具体文字。该元素通过 icon 这个 CSS 类控制元素的样式，通过 icon-icon01 设置元素的背景图片（icon01.png）。这两个 CSS 类具体定义的代码在下一步设计。

3. 添加网页样式

将如下 CSS 代码添加到网页头的<style></style>元素中：

```
.icon {
    width: 160px;
    height: 32px;
    line-height: 32px;
    margin: 10px 10px 10px 0px;
    display: inline-block;
    padding: 5px 5px 5px 42px;
```

```
    background: no - repeat 5px 5px;
}
.icon: hover {
    background - color: #969;
}
.icon - icon01 {
    background - image: url(img / icon01.png);
}
.icon - icon02 {
    background - image: url(img / icon02.png);
}
.icon - icon03 {
    background - image: url(img / icon03.png);
}
.icon - icon04 {
    background - image: url(img / icon04.png);
}
.icon - icon05 {
    background - image: url(img / icon05.png);
}
```

代码说明如下：

icon 是一个自定义类，定义了照片容器的尺寸（width 和 height）、内外边距（padding 和 margin）、行高（line-height）、显示（display）、背景（background）。

icon-icon01～icon-icon05 使用 background-image 属性设置背景图片。

这两类样式必须联合使用（层叠）：icon 中设置背景图片的重复方式（background-repeat）为不重复（no-repeat），并且设置背景图片的位置偏移量（background-position）为 5px 5px（往右偏移 5px，往下偏移 5px），与 icon 的内边距相呼应。要注意的是，icon 的左内边距设置为 42px，因为背景图片（icon01. png）的尺寸是 32px×32px，为了不让文字显示在背景图片上方（防止遮盖背景图片），需要将左内边距留出足够的空间，具体布局的尺寸数据计算如图 2-19 所示。

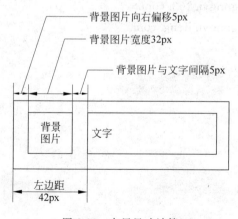

图 2-19　布局尺寸计算

4. 效果图

"与我联系"模块效果图如图 2-20 所示。

图 2-20　"与我联系"模块

2.11　项 目 进 阶

在本项目中,照片集以及作品集的图片和文字没有设置超链接,请根据实际情况,将这些二级页面制作出来,并在 index. htm 的相应元素上创建超链接。

2.12　课 外 实 践

请以宣传某个公益事业为目的,主题自拟,设计一个单页网站。参考网站如下所示。

腾讯公益:http://gongyi.qq.com.

新浪公益:http://gongyi.sina.com.cn.

网易公益:http://gongyi.163.com.

凤凰公益:http://gongyi.ifeng.com.

进阶项目：教育门户网站前台设计

知识目标：
- 掌握响应式网页设计方法
- 掌握多网页站点设计方法

能力目标：
- 能使用 Bootstrap 进行响应式网页设计
- 能设计多网页站点

3.1 项目介绍

本项目将设计一个教育机构的门户网站，以多页面的形式展示该教育机构的各项信息。本项目分为以下 6 部分：①网站规划与设计；②设计学院首页；③设计专业介绍页；④设计"关于我们"页；⑤设计最新资讯页；⑥设计"联系我们"页。

3.2 知 识 准 备

3.2.1 Bootstrap 样式框架

Bootstrap 是 Twitter 推出的一个开源的用于前端开发的工具包。它是 CSS 和 HTML 的集合，采用最新的浏览器技术，给 Web 开发提供时尚的版式、表单、按钮、表格、网格系统等，目前最新的版本为 v3.3.4。

Bootstrap 下载后是一个 zip 压缩包，解压后看到它包含一系列 CSS 文件和 JS 文件。以 v3.3.4 为例，其目录结构如下所示：

```
bootstrap-3.3.4/
├──css/
│  ├──bootstrap.css
│  ├──bootstrap.css.map
│  ├──bootstrap.min.css
│  ├──bootstrap-theme.css
│  ├──bootstrap-theme.css.map
│  ├──bootstrap-theme.min.css
```

```
├──js/
│  ├──bootstrap.js
│  └──bootstrap.min.js
└──fonts/
├──glyphicons-halflings-regular.eot
├──glyphicons-halflings-regular.svg
├──glyphicons-halflings-regular.ttf
├──glyphicons-halflings-regular.woff
└──glyphicons-halflings-regular.woff2
```

css、js、fonts 这 3 个目录可以直接使用到任何 Web 项目中。Bootstrap 提供了编译好的 CSS 和 JS(bootstrap. *)文件,还有经过压缩的 CSS 和 JS(bootstrap. min. *)文件;同时提供 CSS 源码映射表(bootstrap. * . map),可以在某些浏览器(如 Chrome)的开发工具中使用。它还包括来自 Glyphicons 的图标字体,用在附带的 Bootstrap 主题中。

下面就是一个使用 Bootstrap 的网页模板:

```
<!DOCTYPE html>
<html lang = "zh-CN">
<head>
  <meta charset = "utf-8">
  <meta http-equiv = "X-UA-Compatible" content = "IE=edge">
  <meta name = "viewport" content = "width=device-width,initial-scale=1">
  <!-- 上述 3 个 meta 标签必须放在最前面,任何其他内容都必须跟随其后! -->

  <title>Bootstrap 模版</title>

  <link href = "css/bootstrap.min.css" rel = "stylesheet">
</head>
<body>
  <h1>Bootstrap 模版</h1>

  <script src = "js/bootstrap.min.js"></script>
</body>
</html>
```

1. 布局容器

Bootstrap 提供一个 . container 容器。该容器有以下两种类型。

(1). container 类用于固定宽度,并支持响应式布局的容器。

```
<div class = "container">
...
</div>
```

(2). container-fluid 类用于 100% 宽度,占据整个窗口的容器。

```
<div class = "container-fluid">
...
</div>
```

2. 栅格系统

Bootstrap 提供了一套响应式、移动设备优先的流式栅格系统。随着屏幕(viewport)尺寸增加，系统自动分为最多 12 列。

栅格系统通过一系列行(row)与列(column)的组合来创建页面布局。开发者只需要把相应的内容放入这些创建好的布局，就可以实现响应式网页布局。下面介绍 Bootstrap 栅格系统的工作原理。

(1) "行(row)"必须包含在 .container(固定宽度)或 .container-fluid(100％宽度)中。

(2) 通过"行(row)"在水平方向创建一组"列(column)"。

(3) 具体的网页内容应当放置于"列(column)"中，并且只有"列(column)"可以作为行(row)"的直接子元素。

类似 .row 和 .col-xs-4 这种预定义的类，可以用来快速创建栅格布局。

栅格系统中的列通过指定 1~12 的值来表示其跨越的范围。例如，3 个等宽的列可以使用 3 个 .col-xs-4 来创建。

如果 1"行(row)"中包含的"列(column)"大于 12，多余的"列(column)"所在的元素将被作为一个整体另起一行排列。

布局示例如下：

```
< div class = "row">
    < div class = "col - xs - 12 col - sm - 6col - md - 8">.col - xs - 12.col - sm - 6.col - md - 8
    </div >
    < div class = "col - xs - 6 col - md - 4">.col - xs - 6.col - md - 4 </div >
</div >
< div class = "row">
    < div class = "col - xs - 6 col - sm - 4">.col - xs - 6.col - sm - 4 </div >
    < div class = "col - xs - 6 col - sm - 4">.col - xs - 6.col - sm - 4 </div >
    < div class = "clearfixvisible - xs - block"></div >
    < div class = "col - xs - 6 col - sm - 4">.col - xs - 6.col - sm - 4 </div >
</div >
```

普通 PC 浏览器(col-md-＊)下的样式如图 3-1 所示。

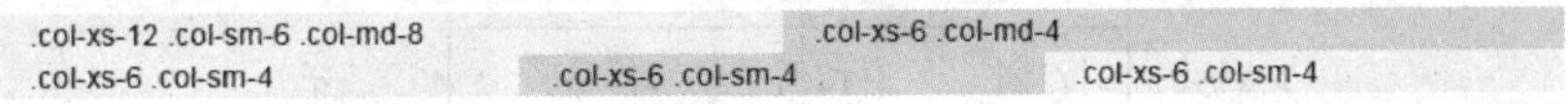

图 3-1 普通 PC 浏览器(col-md-＊)下的样式

平板电脑或手机浏览器(col-sm-＊或 col-xs-＊)下的样式如图 3-2 所示。

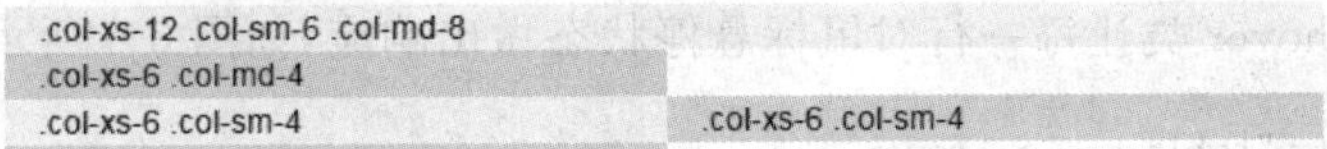

图 3-2 平板电脑或手机浏览器(col-sm-＊或 col-xs-＊)下的样式

3. 表格

Bootstrap 提供 . table 类,可以为任意<table>标签添加该类型,如图 3-3 所示。

```
< table class = "table">
...
</table>
```

1行1列	1行2列	1行3列
2行1列	2行2列	2行3列
3行1列	3行2列	3行3列

图 3-3　Bootstrap 提供 . table 类显示的表格

同时,还提供几个特殊类型用于层叠:

(1) . table-striped 类实现斑马条纹样式,如图 3-4 所示。

```
< table class = "table table – striped">
...
</table>
```

1行1列	1行2列	1行3列
2行1列	2行2列	2行3列
3行1列	3行2列	3行3列

图 3-4　. table-striped 类实现斑马条纹样式

(2) . table-bordered 类为表格和其中的每个单元格增加边框,如图 3-5 所示。

```
< table class = "table table – bordered">
...
</table>
```

1行1列	1行2列	1行3列
2行1列	2行2列	2行3列
3行1列	3行2列	3行3列

图 3-5　. table-bordered 类为表格和其中的每个单元格增加边框

(3) . table-hover 类让每一行对鼠标悬停状态做出响应,如图 3-6 所示。

```
< table class = "table table – hover">
...
</table>
```

1行1列	1行2列	1行3列
2行1列	2行2列	2行3列
3行1列	3行2列	3行3列

图 3-6　.table-hover 类让每一行对鼠标悬停状态做出响应

（4）.table-condensed 类让表格更加紧凑，如图 3-7 所示。

```
<table class="table table-condensed">
...
</table>
```

1行1列	1行2列	1行3列
2行1列	2行2列	2行3列
3行1列	3行2列	3行3列

图 3-7　.table-condensed 类让表格更加紧凑

将任何 .table 元素包裹在 .table-responsive 元素内，即可创建响应式表格，当屏幕大于 768px 宽度时，没有水平滚动条；但在小屏幕设备上（小于 768px），会出现水平滚动条，如图 3-8 所示。

```
<div class="table-responsive">
<table class="table">
...
</table>
</div>
```

#	Table heading	Table heading	Table heading	Table heading	Tab
1	Table cell	Table cell	Table cell	Table cell	Tab
2	Table cell	Table cell	Table cell	Table cell	Tab
3	Table cell	Table cell	Table cell	Table cell	Tab

图 3-8　出现滚动条的响应式表格

4. 表单

在 Bootstrap 中，为单独的表单控件提供了一个名为 .form-control 的全局样式类，<input><textarea>和<select>元素都可以使用该样式。使用后，这些控件都将被默认设置宽度属性为 width:100%。一般情况下，在控件的前面放置一个 label 元素，同时将 label 元素与控件元素放在一个包含 .form-group 样式的容器中。

```
<form>
  <div class = "form - group">
    <label for = "username">
      Username: *
    </label>
    <input type = "text" class = "form - control" id = "username"/>
  </div>
  <div class = "form - group">
    <label for = "email">
      Email: *
    </label>
    <input type = "text" class = "form - control" id = "email"/>
  </div>
</form>
```

以上代码运行的效果如图 3-9 所示。

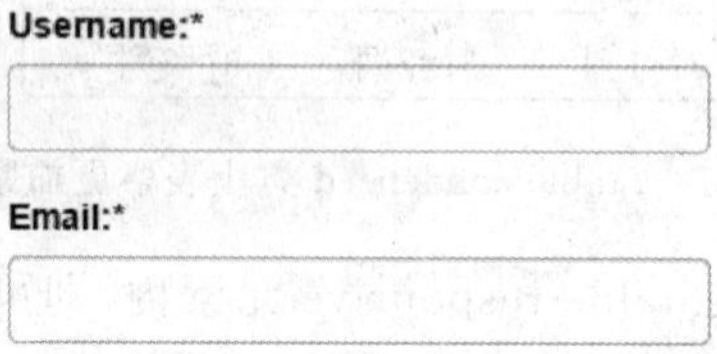

Username:*

Email:*

图 3-9　表单效果

5. 按钮

在 Bootstrap 中，允许为＜a＞＜button＞或＜input＞元素添加按钮类样式，如图 3-10
所示。

```
<a class = "btnbtn - default" href = " # " role = "button">超链接按钮</a>
<button class = "btnbtn - default" type = "submit">Button 元素按钮</button>
<input class = "btnbtn - default" type = "button" value = "Input 元素按钮">
```

超链接按钮　　Button元素按钮　　Input元素按钮

图 3-10　在 Bootstrap 中，＜a＞＜button＞或＜input＞元素按钮样式

从兼容性角度考虑，在上述 3 种元素中，＜button＞是 Bootstrap 官方强烈建议尽可
能使用的方式。

对于 btn 按钮样式，Bootstrap 预定义了几种颜色样式，如图 3-11 所示，用户可以根
据实际情况，快速创建所需的按钮。

```
<button type = "button" class = "btn btn - default">(默认样式)Default </button>
<button type = "button" class = "btn btn - primary">(首选项)Primary </button>
<button type = "button" class = "btn btn - success">(成功)Success </button>
<button type = "button" class = "btn btn - info">(一般信息)Info </button>
<button type = "button" class = "btn btn - warning">(警告)Warning </button>
```

```
< button type = "button" class = "btn btn - danger">(危险)Danger </button>
< button type = "button" class = "btn btn - link">(链接)Link </button>
```

图 3-11 Bootstrap 预定义的几种按钮颜色样式

除了颜色以外，可以使用. btn-lg、. btn-sm 或. btn-xs 来定义不同尺寸的按钮，如图 3-12 所示。

```
< p >
    < button type = "button" class = "btnbtn - primarybtn - lg">(大按钮)Largebutton </button>
    < button type = "button" class = "btnbtn - defaultbtn - lg">(大按钮)Largebutton </button>
</p>
< p >
    < button type = "button" class = "btnbtn - primary">(默认尺寸)Defaultbutton </button>
    < button type = "button" class = "btnbtn - default">(默认尺寸)Defaultbutton </button>
</p>
< p >
    < button type = "button" class = "btnbtn - primarybtn - sm">(小按钮)Smallbutton </button>
    < button type = "button" class = "btnbtn - defaultbtn - sm">(小按钮)Smallbutton </button>
</p>
< p >
    < button type = "button" class = "btnbtn - primarybtn - xs">(超小尺寸)Extra smallbutton
    </button>
    < button type = "button" class = "btnbtn - defaultbtn - xs">(超小尺寸)Extra smallbutton
    </button>
</p>
```

图 3-12 使用. btn-lg、. btn-sm 或. btn-xs 来定义不同尺寸的按钮

在移动设备上，很多按钮独占一行，Bootstrap 为这种按钮定义了. btn-block 类。通过给按钮添加. btn-block 类，可以将其拉伸至父元素 100％的宽度，而且按钮变为块级（block）元素，如图 3-13 所示。

```
< button type = "button" class = "btn btn - primary btn - lgbtn - block">(块级元素)
```

```
Blocklevelbutton</button>
<button type = "button" class = "btn btn - default btn - lgbtn - block">(块级元素)
Blocklevelbutton</button>
```

图 3-13   通过给按钮添加.btn-block 类将按钮拉伸至块级

6. 图片形状

通过为<img>元素添加以下相应的类,让图片呈现不同的形状(IE8 不支持),
如图 3-14 所示。

```
<img src = "..." alt = "..." class = "img - rounded">
<img src = "..." alt = "..." class = "img - circle">
<img src = "..." alt = "..." class = "img - thumbnail">
```

图 3-14   通过为<img>元素添加相应的类让图片呈现不同的形状

有关 Bootstrap 的更多使用方法,读者可以通过阅读其官方网站的文档和例子自行
学习。

Bootstrap 官方网站：https://github. com/twbs/bootstrap/

Bootstrap 中文网站：http://www. bootcss. com/

3.2.2   JavaScript 基础

本项目将用到少量 JavaScript。JavaScript 是一种轻量级的编程语言,一般嵌入在
HTML 页面中,由浏览器执行。本书后面的几个项目与 JavaScript 有很大的关系。

1. JavaScript 语法特点

(1) 区分大小写：变量、函数名、运算符以及其他一切东西都是区分大小写的。

(2) 变量是弱类型：变量无特定的类型,定义变量时只用 var 运算符。可以将它初始化为任意值，也可以随时改变变量所存数据的类型。

（3）每行结尾的分号可有可无：允许开发者自行决定是否以分号结束一行代码。如果没有分号，就把折行代码的结尾看作该语句的结尾注释：单行注释以双斜杠开头(//)；多行注释以单斜杠和星号开头(/ *)，以星号和单斜杠结尾(* /)。

（4）括号表示代码块：代码块表示一系列应该按顺序执行的语句，这些语句被封装在左括号(｛)和右括号(｝)之间。

```html
<html>
    <head></head>
    <body>
        <script type = "text/javascript">
            document.write("Hello World!");
        </script>
    </body>
</html>
```

<script type="text/javascript">和</script>告诉浏览器 JavaScript 从何处开始，到何处结束。

把 document.write 命令输入<script type="text/javascript">与</script>之间，浏览器把它当作一条 JavaScript 命令来执行，就会向页面写入"Hello World!"。

2. JavaScript 变量

变量命名规则为：第一个字符必须是字母、下划线(_)或美元符号($)；余下的字符可以是下划线、美元符号或任何字母或数字字符。

```javascript
// 定义单个变量
var count;

// 定义多个变量
var count, amount, level;

// 定义变量并初始化
var count = 0,
amount = 100;
```

3. JavaScript 基本数据类型

（1）Undefined 类型：当声明的变量未初始化时，该变量的默认值是 undefined。

```javascript
var name;
alert(name);            //undefined
alert(age);             //错误: age is not defined
```

（2）Null 类型：null 用于表示尚未存在的对象。

Null 类型的值是 null，它表示一个空对象指针，没有指向任何对象。如果一个变量的值是 null，当前变量很有可能就是垃圾收集的对象，使用 typeof 监测 null 值时返回

"object"。

建议：如果变量是要用来保存对象的额，则初始化为 null，到时就可以检测该变量是否已经保存了一个对象的引用。

```
var person = null;
alert(typeof person);                    //"object"
```

注意：undefined 值是派生自 null 的，所以对它们执行相等测试会返回 true，例如：

```
alert(null = = undefind);                //true
```

（3）Boolean 类型：有两个值 true 和 false。

（4）Number 类型：这种类型既可以表示 32 位的整数，还可以表示 64 位的浮点数。数值类型有很多值，最基本的就是十进制。例如：

```
var num = 510;
```

除了十进制，整数还可以是八进制或十六进制的，其中八进制字面值的第 1 位必须是 0，然后是八进制数字序列。如果字面值中的数值超出了范围，前导零将被忽略。后面的数值将被当作十进制数解析。

```
var num1 = 070;                          //八进制的 56
var num2 = 079;                          //无效的八进制—解析为 79
var num3 = 08;                           //无效的八进制—解析为 8
```

十六进制数的前面则必须是 0x，后跟十六进制数字（0～F），不区分大小写。例如：

```
var num1 = 0xA;
var num2 = 0x1f;
```

除了整数，还有浮点数值，如下所示：

```
var num1 = 1.1;
var num2 = 0.1;
var num3 = .1;                           //有效，但不推荐
```

还有一些极大或极小的数值，用科学计数法表示如下：

```
var num = 123.456e10;
```

浮点数值的最高精度是 17 位小数，但是计算时其精确度远远不如整数。例如，0.1＋0.2 不等于 0.3，而是 0.3000000000000004。所以在做判断时，千万不要用浮点数相加判断等于预想中的某个值。

在 JavaScript 中，数值最小的是 Number. MIN_VALUE。这里可以想象成 Number 是一个类，而 MIN_VALUE 是一个静态变量，储存最小值；同样地，最大的是 Number. MAX_VALUE。

如果计算中超出了这个最大值和最小值范围，将被自动转换成 Infinity 值；如果是负数，就是-Infinity；整数就是 Infinity。Infinity 的意思是无穷，也就是正、负无穷，跟数学中的概念是一样的。但是 Infinity 无法参与计算。可以用原生函数确定是不是有穷：

isFinite()；。只有位于数值范围内，才会返回 true。

在 JavaScript 中，数值除了那些普通的整数、浮点数、最大值、最小值、无穷之外，还有一个特殊的值，就是 NaN，用于表示一个本来要返回数值的操作数未返回数值的情况。比如，任何数值除以 0 会返回 NaN，因此不会影响代码的执行。

NaN 的特点如下所述。

① 任何设计 NaN 的操作（如 NaN/0）都返回 NaN。

② NaN 与任何值都不相等，包括 NaN 本身。例如：

```
alert(NaN = = NaN);                    //false
```

所以，JavaScript 中有一个 isNaN()函数，该函数接收一个参数，任意类型，有助于确定该参数是否"不是数值"。

（5）String 类型：字符串，没有固定大小。

字符串可以由单引号或双引号表示。在 JavaScript 中，这两种引号是等价的，例如：

```
var name = 'jwy';
var author = "jwy";
```

字符串可以直接用字面量赋值。任何字符串的长度都可以通过访问 length 属性获得。

在 JavaScript 中的字符串是不可变的。字符串一旦创建，它们的值就不能改变。要改变某个变量保存的字符串，首先要销毁原来的字符串，再用另一个新的字符串填充该变量。

```
var name = "jwy";
name = "jwy" + " study javascript";
```

一开始，name 是保存字符串"jwy"的；第二行代码将"jwy"+" study javascript"值重新赋给 name，它先创建一个能容纳这个长度的新字符串，然后填充，并销毁原来的字符串。

几乎每个值都有自己的 toString()方法，在后面将解释这个方法是从哪里来的，它返回相应值的字符串表现。

```
var age = 11;
var ageToString = age.toString();      //"11"
```

数值、布尔值、对象和字符串值都有 toString()，但是 null 和 undefined 值没有这个方法。

一般来说，调用 toString()方法不必传递参数，但是在调用数值的 toString 方法时，可以传递一个参数，用来指定要输出的数值的基数（即输出用十进制、二进制、八进制还是十六进制表示）。

4. 数据类型的转换

（1）转换成字符串：Boolean、Number 和 String 都有 toString()方法，可以把它们的

值转换成字符串。

（2）转换成数字：JavaScript 提供了两种把非数字的原始值转换成数字的方法，即parseInt()和 parseFloat()。

（3）强制类型转换：Boolean(value)把给定的值转换成 Boolean 型；Number(value)把给定的值转换成数字(可以是整数或浮点数)；String(value)把给定的值转换成字符串。

```
var s = String("hello");
alert(typeof s);                    //结果是 string
var s1 = new String("world");
alert(typeof s1);                   //结果是 object
```

5. JavaScript 分支语句

（1）if 语句：在一个指定的条件成立时，执行代码。

```
var num = 100;                      //定义变量 num,并赋值
//if 语句开始,判断 num 是否等于 100,如果是,则执行花括号内的语句
if (num == 100) {
    num++;
    alert(num);
}
```

（2）if...else 语句：在指定的条件成立时，执行代码；当条件不成立时，执行另外的代码。

```
var num = 100;                      //定义变量 num,并赋值
if (num > 100) {                    //if 语句开始
    alert(num + "大于 100");
}
else {                             //else 语句开始
    alert(num + "小于或等于 100");
}
```

（3）if...elseif...else 语句：使用该语句，可以选择执行若干块代码中的一个。

```
var num = 100;                      //定义变量 num,并赋值
if (num > 100)                      //if 语句开始
    alert(num + "大于 100");
else if(num == 100)                //else if 语句
    alert(num + "等于 100");
else                               //else 语句
    alert(num + "小于 100");
```

（4）switch 语句：使用这条语句，可以选择执行若干块代码中的一个。

```
var num = 100;                      //定义变量 num,并赋值
switch (num) {
    case 1: {
        alert("1");
```

```
        }; break;
        case 50: {
            alert("50");
        }; break;
        case 100: {
            alert("100");
        }; break;
        default: {
            alert("默认的消息框!");
        }
}
```

6. JavaScript 循环语句

（1）for 循环：在脚本的运行次数已确定的情况下，使用 for 循环。

```
for (i = 0; i <= 5; i++) {
    document.write("数字是 " + i);
    document.write("<br>");
}
```

（2）while 循环：利用 while 循环，在指定条件为 true 时循环执行代码。

```
var i = 0;
while (i <= 5) {
    document.write("数字是 " + i);
    document.write("<br>");
    i++
}
```

（3）do...while 循环：利用 do...while 循环，在指定条件为 true 时循环执行代码。即使条件为 false,这种循环会至少执行一次。

```
var i = 0;
do {
    document.write(i + "<br>");
    i++;
} while ( i <= 5 )
```

（4）for...in 迭代：for 语句是严格的迭代语句，用于枚举对象的属性。

```
document.write("test<br>");
var a = [3, 4, 5, 7];
for (var test in a) {
    document.write(test + ": " + a[test] + "<br>");
}
```

（5）break 和 continue 语句：执行 break 语句，可以立即退出循环，阻止再次反复执行任何代码。执行 continue 语句，只是退出当前循环，根据控制表达式，还允许继续下一次循环。

```
for (i = 0; i < 10; i++) {
    if (i == 3) {
        break;
    }
    document.write(i + "");
}
//输出 1 2

for (i = 0; i < 10; i++) {
    if (i == 3) {
        continue;
    }
    document.write(i + "");
}
//输出 1 2 4 5 6 7 8 9
```

7. JavaScript 测试语句

（1）try...catch 语句：用于测试代码中的错误。try 部分包含需要运行的代码，catch 部分包含错误发生时运行的代码。

（2）throw 声明：throw 声明的作用是创建 exception（异常）。可以把这个声明与 try...catch 声明配合使用，以精确输出错误消息。

```
var array = null;
try {
    document.write(array[0]);
} catch(err) {
    document.writeln("Error name: " + err.name + "");
    document.writeln("Error message: " + err.message);
}
finally{
    alert("object is null");
}
```

程序执行过程如下所述：

（1）array[0]的时候由于没有创建 array 数组，array 是个空对象，程序中调用 array[0]会产生 object is null 的异常。

（2）catch(err)语句捕获到这个异常，通过 err.name 打印错误类型，通过 err.message 打印错误的详细信息。

（3）finally 类似于 Java 的 finally，无论有无异常都会执行。

8. 消息框

（1）alert：警告框。用户需要单击"确定"按钮，才能继续操作。

```
alert("休息时间到");
```

（2）confirm：确认框。如果用户单击"确认"，返回值为 true；如果单击"取消"，返回值为 false。

```javascript
var r = confirm("休息时间到了吗?");
if (r == true) {
    document.write("到了");
} else {
    document.write("还没到");
}
```

（3）prompt：提示框。如果用户单击"确认"，返回值为输入的值；如果单击"取消"，返回值为 null。

```javascript
var score;                          //分数
var degree;                         //分数等级
score = prompt("你的分数是多少?") if (score > 100) {
    degree = "100 分满分!";
} else {
    switch (parseInt(score / 10)) {
    case 0:
    case 1:
    case 2:
    case 3:
    case 4:
    case 5:
        degree = "不及格!";
        break;
    case 6:
        degree = "及格";
        break;
    case 7:
        degree = "中等"
        break;
    case 8:
        degree = "良好";
        break;
    case 9:
        degree = "优秀";
        break;
    case 10:
        degree = "满分";
    }                               //end of switch
}                                   //end of else
alert(degree);
}
```

9. JavaScript 内置对象

（1）Array：用于在单个变量中存储多个值。Array 对象的属性 length 返回该数组中的元素个数，通常在使用循环迭代数组中的值时用到，如下所示：

```
var myArray = new Array(1, 2, 3);
for(var i = 0; i < myArray.length; i++) {
    document.write(myArray[i]);
}
```

（2）Date：用于处理日期和时间。

JavaScript Date 对象可以在没有参数的情况下对其实例化：

```
var myDate = new Date();                    //当前时间
```

或传递 milliseconds（毫秒）作为参数：

```
var myDate = new Date(milliseconds);
```

或传递日期字符串作为参数：

```
var myDate = new Date(dateString);
```

或者传递多个参数来创建一个完整的日期：

```
var myDate = new Date(year, month, day, hours, minutes, seconds, milliseconds);
```

toDateString 方法将日期转换为字符串，toTimeString 方法将时间转换为字符串：

```
var myDate = new Date();
document.write(myDate.toDateString());
//输出 Tue Jun 09 2015
document.write(myDate.toTimeString());
//输出 14:23:56 GMT + 0800（中国标准时间）
```

（3）Math：用于执行数学任务。

Math 对象用于执行数学函数。它不能实例化：

```
var pi = Math.PI;
```

此外，Math 对象有许多属性和方法，向 JavaScript 提供数学功能。

（4）Number：是对 JavaScript 原始值 Number 类型的封装。

Number 对象是一个数值包装器。可以使用 new 关键词创建，并设置初始变量：

```
var myNumber = new Number(12.3);
```

除了存储数值，Number 对象包含各种属性和方法，用于操作或检索关于数字的信息。Number 对象可用的所有属性都是只读常量，这意味着它们的值始终保持不变，不能更改。有 4 个属性包含在 Number 对象里：MAX_VALUE、MIN_VALUE、NEGATIVE _INFINITY 和 POSITIVE_INFINITY。

MAX_VALUE 属性返回 $1.7976931348623157e+308$，它是 JavaScript 能够处理的最大数字。

```
document.write(Number.MAX_VALUE);
//Result is: 1.7976931348623157e + 308
```

MIN_VALUE 返回 5e-324，这是 JavaScript 中最小的数字。

```
document.write(Number.MIN_VALUE);
//Result is: 5e-324
```

NEGATIVE_INFINITY 是 JavaScript 能够处理的最大负数，表示为-Infinity。

```
document.write(Number.NEGATIVE_INFINITY);
//Result is: -Infinity
```

POSITIVE_INFINITY 属性是大于 MAX_VALUE 的任意数，表示为 Infinity。

```
document.write(Number.POSITIVE_INFINITY);
//Result is: Infinity
```

（5）String：用于处理文本（字符串），是对 JavaScript 原始值 String 类型的封装。

JavaScript String 对象是文本值的包装器。除了存储文本，String 对象包含一个属性和各种方法来操作或收集有关文本的信息。String 对象不需要实例化便能使用。例如，可以将一个变量设置为一个字符串，String 对象的所有属性或方法将都可用于该变量。

```
var myString = "My string";
```

String 对象只有一个属性，即 length，它是只读的。length 属性可用于只返回字符串的长度：不能在外部修改它。下述代码提供了使用 length 属性确定一个字符串中的字符数的示例：

```
var myString = "My string";
document.write(myString.length);
//Results in a numeric value of 9
```

该代码的结果是"9"，因为两个词之间的空格也作为一个字符计算。

chartAt 方法用于检索字符串中的特定字符。下面的代码说明如何返回字符串的第一个字符：

```
var myString = "My string";
document.write(myString.chartAt(0));
//输出 M
```

如果想要组合字符串，使用加号（＋）将这些字符串加起来，或者使用 concat 方法。该方法接受无限数量的字符串参数，连接它们，并将综合结果作为新字符串返回。

```
var myString1 = "My";
var myString2 = "";
var myString3 = "string";
document.write(myString.concat(myString1, myString2, myString3));
//输出 My String
```

10. JavaScript 函数

函数是由事件驱动的，或者是当它被调用时执行的可重复使用的代码块。

以下是创建函数的语法：

```
function 函数名 (var1, var2, ..., varX) {
    代码...
    return 返回值
}
```

（1）arguments 对象：在函数代码中，使用特殊对象 arguments 存放函数传递的形式参数。

（2）return 语句：用于设定返回值。返回值可以是原始类型，也可以是引用类型。

对于 JavaScript 语言的高级运用，可以参阅其他相关教程。

JavaScript 学习网站有以下两个。

基础教程：http://www.w3school.com.cn/js/index.asp

高级教程：http://www.w3school.com.cn/js/index_pro.asp

3.3　网站规划与设计

3.3.1　网站设计需求

客户需求，是指学校创建门户网站的目的和对网站提出的特定要求。了解客户需求，是建好学校门户网站的前提。工程网络学院对其拟建的门户网站提出了以下几点要求。

（1）宣传学校办学理念，展示办学设施、专业设置、教师队伍等，提高学校的社会知名度。

（2）适时发布学校管理、教学、招生等相关信息，为求学者提供相关咨询服务。

（3）获取社会各界对学校教育教学情况的评价和意见、建议。

（4）建立与兄弟院校进行交流学习的平台。

（5）向社会各界推荐毕业生，为毕业生提供就业信息。

3.3.2　网站风格定位

校园网站是学校的网上形象，每一所学校都有自己的特色。对于本项目，从以下三个方面确定该网站的风格定位。

（1）色彩：本项目采用的色彩以白、黑、红为主基调，具有明亮、健康、辉煌、庄严的色感。

（2）排版：整体为上、下分割型。把整个版面分为上、下几个部分，在上半部配置图片，下面的部分配置文案。配置有图片的部分感性而有活力，文案部分则理性而静止。上、下部分配置的图片可以是一幅或多幅。

（3）特效：本网站中所有的动画效果采用 JavaScript 脚本制作。

3.3.3　网站结构布局

作为一个教育机构门户网站，应包括学院首页、专业介绍、关于我们、最新资讯、联系我们这 6 个页面。除了学院首页以外，其他 5 个页面的风格是一致的，也就是说，本项目仅需要设计两种网页模板：首页模板和普通页模板。

　　本项目是一个响应式网页设计实例。响应式 Web 设计（Responsive Webdesign）的理念是：页面设计与开发应当根据用户行为以及设备环境（系统平台、屏幕尺寸、屏幕定向等）进行相应的响应和调整。为了适应多种屏幕（PC 屏幕、平板电脑屏幕、手机屏幕），网站的整体布局为上、中、下，如图 3-15 所示。上方为标题区域，用于显示网站标题和导航；中部为内容区域，用于放置页面的具体内容；下方为版权区域，用于放置网页版权、机构信息。

图 3-15　网站整体布局图

3.4　学院首页

　　门户网站的首页十分重要，不管在视觉上还是在内容上，都要能吸引浏览者。通常采用"巨屏宣传画＋图文内容"的组合方式。

　　页面布局如图 3-16 所示。

图 3-16　首页布局图

3.4.1　标题区域设计

网页标题区域分为左、右两个部分,左边为具体标题(h1),右边是搜索框(表单)。在项目中,利用 Bootstrap 的 navbar-left 和 navbar-right 进行布局。

因为 Bootstrap 的 navbar 系列样式都做了 media 设置,所以这两个样式可以根据屏幕大小自适应(详见 Bootstrap.css 文件中的相关定义)。在屏幕比较大的情况下,显示效果如图 3-17 所示。

图 3-17　大屏幕标题区效果图

在屏幕比较小的情况下,显示效果如图 3-18 所示。

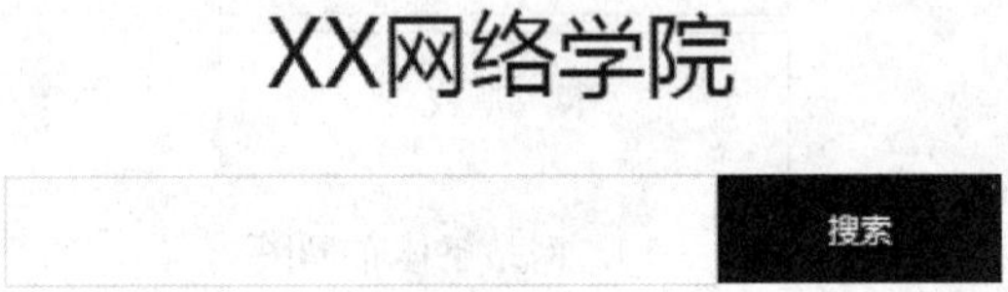

图 3-18　小屏幕标题区效果图

具体代码如下所示:

```
< div class = "header_bg">
  < div class = "container">
    < div class = "row header">
      < div class = "logo navbar – left">
        < h1 >
          < a href = "index. html">
            × × 网络学院
          </a>
        </h1>
      </div>
      < div class = "h_search navbar – right">
        < form >
          < input type = "text" class = "text" value = "">
          < input type = "submit" value = "搜索">
        </form >
      </div>
      < div class = "clearfix">
      </div>
    </div>
  </div>
</div>
```

在上述代码中,container、row、navbar-left、navbar-right 和 clearfix 是 Bootstrap 中预定义的,header、header-bg 和 h_search 是自定义的 CSS 样式。

相关的 CSS 代码如下所示(相关解释见注释)：

```css
body{
font - family:'微软雅黑';
background:＃ffffff;
font - size:100％;
}
/＊标题区＊/
.header_bg{
border - top:8px groove＃3b3b3b;
background:＃ffffff;
}

.header{
padding:2％0;
}

.logo h1 a{
font - size:1em;
text - transform:uppercase;              /＊强制大写＊/
color:＃3B3B3B;
text - decoration:none;                  /＊去除超链接下划线＊/
font - family:'微软雅黑';
}
/＊search＊/
.h_search{
width:30％;                              /＊使用百分制布局＊/
position:relative;                       /＊相对布局＊/
margin - top:2％;
}

.h_search form{
width:100％;
}

.h_search form input[type = "text"]{     /＊css 属性选择器＊/
font - family:'微软雅黑';
padding:10px 16px;
outline:none;
color:＃c6c6c6;
font - size:13px;
border:1px solid rgb(236,236,236);
background:＃FFFFFF;
width:73.333％;                          /＊使用百分制布局＊/
line - height:22px;
position:relative;                       /＊相对布局＊/
}

.h_search form input[type = "submit"]{   /＊css 属性选择器＊/
```

```
font - family:'微软雅黑';
background:♯3B3B3B;                          /*黑色背景*/
color:♯ffffff;                               /*白色文字*/
text - transform:uppercase;                  /*强制大写*/
font - size:13px;
padding:12px 18px;
border:none;                                 /*去除默认边框*/
cursor:pointer;                              /*鼠标光标样式(小手)*/
width:26.333%;                               /*使用百分制布局*/
position:absolute;                           /*使用绝对定位*/
line - height:1.5em;
outline:none;                                /*去除默认边框轮廓*/
/*css过渡效果,鼠标悬停后,背景色渐变*/
transition:all0.3sease - in - out;
}

.h_search form input[type = "submit"]:hover{  /*鼠标悬停样式*/
background:♯FF5454;                           /*红色背景*/
}
/*****响应式布局设计*****/
@media only screen and (max - width: 768px) {
    .logo{
        text - align:center;
    }
    .h_search {
        width: 98%;
        padding: 20px;
    }
}
```

3.4.2　导航区域设计

导航区域是整个网站公用的一个元素。根据响应式网页的特性,项目中将导航区域设计为两种状态。在屏幕较大的情况下,显示所有菜单项的内容,如图 3-19 所示。

图 3-19　大屏幕导航效果图

在屏幕较小的情况下,隐藏文字菜单项,仅显示图标菜单项和展开按钮。单击展开按钮,展开文字菜单项,如图 3-20 所示。

该展开功能需要 jQuery.js 与 Bootstrap.js 配合,在网页中应用:

```
< script type = "text/JavaScript" src = "js/jquery.min.js"></script>
< script type = "text/JavaScript" src = "js/bootstrap.js"></script >
```

相关 HTML 代码如下所示:

```
< div class = "container">
```

图 3-20 小屏幕导航效果图

```
< div class = "row h_menu">
  < nav class = "navbar navbar - default navbar - left" role = "navigation">
    <!—自适应移动设备 -->
    < div class = "navbar - header">
      <button type = "button" class = "navbar - toggle" data - toggle = "collapse" data -
        target = "＃bs - navbar - collapse - 1">
        < span class = "icon - bar">
        </span>
        < span class = "icon - bar">
        </span>
        < span class = "icon - bar">
        </span>
      </button>
    </div>
    <!—可折叠导航条开始 -->
    < div class = "collapse navbar - collapse" id = "bs - navbar - collapse - 1">
      < ul class = "navnavbar - nav">
        < li class = "active">
          < a href = "index. html">
          学院主页
          </a>
        </li>
        < li>
          < a href = "technology. html">
          专业介绍
          </a>
        </li>
        < li>
          < a href = "about. html">
          关于我们
          </a>
        </li>
        < li>
```

```html
        <a href = "blog.html">
        最新资讯
        </a>
      </li>
      <li>
        <a href = "contact.html">
        联系我们
        </a>
      </li>
    </ul>
  </div>
  <!--可折叠导航条结束-->
</nav>
<!--社交图标开始-->
  <div class = "soc_iconsnavbar - right">
    <ul class = "list - unstyledtext - center">
      <li>
        <a href = " # ">
          <i class = "fa fa - twitter">
          </i>
        </a>
      </li>
      <li>
        <a href = " # ">
          <i class = "fafa - facebook">
          </i>
        </a>
      </li>
      <li>
        <a href = " # ">
          <i class = "fa fa - google - plus">
          </i>
        </a>
      </li>
      <li>
        <a href = " # ">
          <i class = "fa fa - youtube">
          </i>
        </a>
      </li>
      <li>
        <a href = " # ">
          <i class = "fa fa - linkedin">
          </i>
        </a>
      </li>
    </ul>
  </div>
<!-- 社交图标结束-->
```

```
    </div>
</div>
```

在上述代码中有一个 button 元素，其 CSS 样式为 navbar-toggle。在 Bootstrap 的定义中，当屏幕宽度大于 768px 时，该样式自动隐藏。

相关 CSS 样式如下所示：

```
.h_menu{
    padding:0;
    background: #3B3B3B;
}

/* 覆盖 bootstrap 的原始样式 */
.navbar{
    position:relative;
    min - height:60px;
    margin - bottom:0px;
    border:none;
}

/* 覆盖 bootstrap 的原始样式 */
.navbar - default .navbar - collapse,
.navbar - default .navbar - form{
    background: #3B3B3B;
    color: #ffffff;
    padding:0;
}

/* 覆盖 bootstrap 的原始样式 */
.navbar - default .navbar - nav >.active > a,
.navbar - default .navbar - nav > li > a:hover,
.navbar - default .navbar - nav >.active > a,
.navbar - default .navbar - nav >.active > a:hover{
    background: #FF5454;
    color: #ffffff;
}

/* 覆盖 bootstrap 的原始样式 */
.navbar - default .navbar - nav > li > a{
    color: #fff;
    transition:all0.3s ease - in - out;
}

/* 覆盖 bootstrap 的原始样式 */
.nav > li{
/* 右侧边框颜色充当分隔线 */
    border - right:1px solid #272525;
}
```

```
/*覆盖 bootstrap 的原始样式*/
.nav>li>a{
    font-size:13px;
    padding:20px 30px;
    text-transform:uppercase;
}

/*社交图标*/
.soc_icons{
}

.soc_iconsul{
    margin-bottom:0;
}

.soc_iconsulli{
    display:inline-block;
/*左侧边框颜色充当分隔线*/
    border-left:1px solid #272525;
    margin-left:-3px;
}

.soc_iconsullia{
    color:#ffffff;
    font-size:24px;
    display:block;                          /*改为框元素*/
    line-height:60px;
    width:60px;
    height:60px;                            /*行高与高度相等,单行文字垂直居中*/
/*css 过渡效果,鼠标悬停后,背景色渐变*/
    transition:all 0.3s ease-in-out;
}

.soc_icons ul li a:hover{                   /*鼠标悬停样式*/
    background:#FF5454;
}
```

在上述 CSS 定义中,soc_icons 是一个自定义样式。要实现响应式布局,必须像 Bootstrap 一样设置 media 规则(MediaQuries)。相关代码如下所示:

```
/*响应式布局设计　宽度小于 768px 时的样式*/
@media only screen and (max-width:768px){
/*小屏幕时,navbar-left 独占一行,元素水平居中*/
    text-align:center;
    .logo{
    }
    .h_search{
        width:98%;                          /*小屏幕时,98%基本独占一行*/
        padding:20px;
    }
```

```
    .h_menu{
        position:relative;                      /*相对布局*/
    }
    .soc_icons{
        position:absolute;                      /*相对布局,元素自动对其到左上角*/
        top:0px;
        background:#3b3b3b;
    }

/*覆盖bootstrap的原始样式*/
    .navbar-default .navbar-toggle{
        border-color:#FFF;
    }

/*覆盖bootstrap的原始样式*/
    .navbar{
        min-height:51px;
    }

/*覆盖bootstrap的原始样式*/
    .navbar-default .navbar-collapse,
.navbar-default .navbar-form{
        border-color:#3b3b3b;
    }

/*覆盖bootstrap的原始样式*/
    .navbar-default{
        background-color:#3b3b3b;
        border:none;
    }

/*覆盖bootstrap的原始样式*/
    .navbar-nav{
        margin:0px 0px;
    }

/*覆盖bootstrap的原始样式*/
    .nav>li>a{
        padding:20px 15px;
    }

    .soc_icons ul li a{
        font-size:20px;
        line-height:50px;
        width:50px;
        height:50px;                            /*行高与高度相等,单行文字垂直居中*/
    }
}
```

3.4.3　巨屏区域设计

巨屏区域使用了一个名为 jquery. cslider. js 的幻灯片插件。该插件能根据设定的文字自动播放,引用和调用都比较简单,资源方面所需要的仅仅是一幅清晰度较高的图片。调用代码如下所示:

```
< link href = "css/slider.css" rel = "stylesheet" type = "text/css"/>
< script type = "text/JavaScript" src = "js/jquery. cslider. js"></script >
< script type = "text/javaScript" src = "js/modernizr. custom. 28468. js"></script >
```

HTML 代码如下所示:

```
< div class = "slider_bg">
  <! -- startslider -->
    < div class = "container">
      < div id = "da - slider" class = "da - slider text - center">
        < div class = "da - slide">
          < h2 >
        第 1 页幻灯片标题
        </h2 >
        < p >
        第 1 页幻灯片内容
        </p >
        < h3 class = "da - link">
          < a href = " # " class = "fa - btn btn - 1btn - 1e">
            详细
            </a >
          </h3 >
        </div >
        < div class = "da - slide">
          < h2 >
          第 2 页幻灯片标题
          </h2 >
          < p >
          第 2 页幻灯片内容
          </p >
          < h3 class = "da - link">
            < a href = " # " class = "fa - btn btn - 1btn - 1e">
            详细
            </a >
          </h3 >
        </div >
        < div class = "da - slide">
          < h2 >
          第 3 页幻灯片标题
          </h2 >
          < p >
          第 3 页幻灯片内容
          </p >
```

```html
        <h3 class = "da-link">
          <a href = "#" class = "fa-bt nbtn-1btn-1e">
          详细
            </a>
          </h3>
        </div>
        <div class = "da-slide">
          <h2>
          第4页幻灯片标题
          </h2>
          <p>
          第4页幻灯片内容
          </p>
          <h3 class = "da-link">
            <a href = "#" class = "fa-btn btn-1btn-1e">
            详细
              </a>
            </h3>
        </div>
      </div>
    </div>
  </div>
<!-- endslider -->
```

CSS 代码如下所示：

```css
.slider_bg{
    background:url('../images/slider_bg.jpg')no-repeat;
    background-size:100%;
}

.slider{
    padding:4%;
}
/* Button 1 */
.fa-btn {
    font-size: 14px;
    background: none;
    cursor: pointer;
    padding: 12px 40px;
    display: inline-block;
    margin: 10px 0px;
    text-transform: uppercase;
    outline: none;
    position: relative;
    -webkit-transition: all 0.3s;
    -moz-transition: all 0.3s;
    transition: all 0.3s;
    border-radius: 4px;
    -webkit-border-radius: 4px;
```

```
    - moz - border - radius: 4px;
    - o - border - radius: 4px;
}
.fa - btn:after {
    content: '';
    position: absolute;
    z - index: - 1;
    - webkit - transition: all 0.3s;
    - moz - transition: all 0.3s;
    transition: all 0.3s;
}
.btn - 1 {
    border: 2px solid #ff5454;
    color: #3b3b3b;
}
/* Button 1e */
.btn - 1e {
    overflow: hidden;
}
.btn - 1e:after {
    width: 100%;
    height: 0;
    top: 50%;
    left: 50%;
    background: #ff5454;
    opacity: 0;
    - webkit - transform: translateX( - 50%) translateY( - 50%) rotate(45deg);
    - moz - transform: translateX( - 50%) translateY( - 50%) rotate(45deg);
    - ms - transform: translateX( - 50%) translateY( - 50%) rotate(45deg);
    transform: translateX( - 50%) translateY( - 50%) rotate(45deg);
}
.btn - 1e:hover, .btn - 1e:active {
    color: #ffffff;
    text - decoration:none;
}
.btn - 1e:hover:after {
    height: 260%;
    opacity: 1;
}
.btn - 1e:active:after {
    height: 400%;
    opacity: 1;
}
```

配置了幻灯片 HTML 代码和 CSS 代码之后,通过如下 JavaScript 语句启动幻灯片自动播放功能:

```
< script type = "text/JavaScript">
$ (function(){
$ ('#da - slider').cslider({
```

```
autoplay:true,
bgincrement:450
});
});
</script>
```

3.4.4 图文区域 1 设计

该部分是一个 4 列的图文区域，每列由图片、标题、内容组成。因此，该部分既要对每列进行响应式布局（使用 Bootstrap 的栅格系统），又要对每列内部的元素布局，效果图如图 3-21 所示。

图 3-21 图文区域 1 效果图

相关 HTML 代码如下所示：

```
<div class = "main_bg">
  <! -- startmain -->
    <div class = "container">
      <div class = "main row">
        <div class = "col-md-3images_1_of_4 text-center">
          <span class = "bg">
            <i class = "fa fa-globe">
            </i>
          </span>
          <h4>
            <ahref = " # ">
            第 1 列标题
            </a>
          </h4>
          <p class = "para">
          第 1 列内容
          </p>
          <a href = " # " class = "fa-btn btn-1 btn-1e">
          更多
          </a>
        </div>
```

```
< div class = "col－md－3 images_1_of_4bg1 text－center">
  < span class = "bg">
    < i class = "fa fa－laptop">
    </i>
  </span>
  < h4 >
    < a href = "♯">
    第2列标题
    </a>
  </h4>
  < p class = "para">
  第2列内容
  </p>
  < a href = "♯" class = "fa－btn btn－1 btn－1e">
  更多
  </a>
</div>
< div class = "col－md－3 images_1_of_4 bg1 text－center">
  < span class = "bg">
    < i class = "fa fa－cog">
    </i>
  </span>
  < h4 >
    < a href = "♯">
    第3列标题
    </a>
  </h4>
  < p class = "para">
  第3列内容
  </p>
  < a href = "♯" class = "fa－btn btn－1 btn－1e">
  更多
  </a>
</div>
< div class = "col－md－3 images_1_of_4 bg1 text－center">
  < span class = "bg">
    < i class = "fa fa－shield">
    </i>
  </span>
  < h4 >
    < a href = "♯">
    第4列标题
    </a>
  </h4>
  < p class = "para">
  第4列内容
  </p>
  < a href = "♯" class = "fa－btn btn－1 btn－1e">
  更多
```

```
            </a>
        </div>
      </div>
    </div>
  </div>
<!-- endmain -->
```

相关 CSS 代码如下所示：

```css
/* startmain */
.main_bg{
    background:#ffffff;
}

.main{
    padding:5% 0;
}

.images_1_of_4img{
    display:inline-block;
}

.images_1_of_4h4{
    margin:30px 0 15px;
}

.images_1_of_4h4a{
    display:inline-block;
    color:#353535;
    font-size:1.5em;
    font-family:'微软雅黑';
    text-transform:uppercase;
    -webkit-transition:all 0.3 sease-in-out;
    -moz-transition:all 0.3 sease-in-out;
    -o-transition:all 0.3 sease-in-out;
    transition:all 0.3 sease-in-out;
}

.images_1_of_4 h4 a:hover{
    text-decoration:none;
    color:#ff5454;
}

.images_1_of_4 span{
    width:120px;
    height:120px;
    display:block;
```

```
        text - align:center;
        margin:0 auto;
    }


    .bg{
        background: #3b3b3b;
        - webkit - transition:all 0.3 sease - in - out;
        - moz - transition:all 0.3 sease - in - out;
        - o - transition:all 0.3 sease - in - out;
        transition:all 0.3 sease - in - out;
        border - radius:75px;
        - webkit - border - radius:75px;
        - moz - border - radius:75px;
        - o - border - radius:75px;
    }


    .images_1_of_4 span i{
        font - size:6em;
        color: #e0e0e0;
        line - height:2em;
        text - shadow:1px 1px 0px #3b3b3b;
        - webkit - text - shadow:1px 1px 0px #3b3b3b;
        - moz - text - shadow:1px 1px 0px #3b3b3b;
        - o - text - shadow:1px 1px 0px #3b3b3b;
        - ms - text - shadow:1px 1px 0px #3b3b3b;
    }


    .para{
        font - size:14px;
        line - height:1.8em;
        color: #868686;
    }


    .images_1_of_4 a{
        position:relative;
        z - index:1;
    }
```

响应式布局代码如下所示：

```
@media only screen and (max - width:1024px){
    .images_1_of_4h 4a{
        font - size:1.2em;
    }


    .para{
        font - size:13px;
```

```
    }
}

@media only screen and (max-width:768px){
    .main{
        padding:4%0;
    }

    .images_1_of_4{
        margin-bottom:4%;
    }
}

@media only screen and (max-width:480px){
    .images_1_of_4 h4{
        margin:20px 0 10px;
    }
}

@media only screen and (max-width:320px){
    .main{
        padding:8% 2%;
    }

    .images_1_of_4 h4{
        margin:15px010px;
    }

    .images_1_of_4 span{
        width:88px;
        height:88px;
    }

    .images_1_of_4 spani {
        font-size:5em;
        line-height:1.8em;
    }

    .images_1_of_4 h4 a{
        font-size:1em;
    }
}
```

3.4.5 图文区域2设计

该部分是一个两列图文区域。其中，左边区域仅有图片，右边区域仅有标题和内容。效果图如图 3-22 所示。

相关 HTML 代码如下所示：

图 3-22　图文区域 2 效果图

```
< div class = "main row">
  < div class = "col - md - 6 content_left">
    < img src = "images/pic1.jpg" alt = "" class = "img - responsive">
  </div>
  < div class = "col - md - 6 content_right">
    < h4 >
    右侧标题
    </h4 >
    < p class = "para">
    右侧正文
    </p >
    < a href = " # " class = "fa - btn btn - 1 btn - 1e">
    更多
    </a >
  </div >
</div >
```

相关 CSS 代码如下所示：

```
.content_right h4{
    color: # 353535;
    font - size:2.5em;
    font - family:'微软雅黑';
    line - height:1.5em;
}

.content_right h4 span{
    color: # ff5454;
}

.content_right a{
    position:relative;
    z - index:1;
}
```

3.4.6 图文区域 3 设计

这是一个 4 列图文区域。与图文区域 1 不同，该部分的内容使用了 owl.carousel.js 这个 JavaScript 插件，实现了滚动效果，如图 3-23 所示。

图 3-23　图文区域 3 效果图

使用这个插件，第一步需要从网站上下载资源文件包，解压后放到项目文件中，第二步需要在 html 文件中引用相关文件，并用一段 javascrpit 程序启动。

```html
<! -- Owl Carousel Assets -->
<link href = "css/owl.carousel.css" rel = "stylesheet">
<script src = "js/owl.carousel.js"></script>
        <script>
            $(document).ready(function() {

                $("#owl-demo").owlCarousel({
                    items : 4,
                    lazyLoad : true,
                    autoPlay : true,
                    navigation : true,
                    navigationText : ["", ""],
                    rewindNav : false,
                    scrollPerPage : false,
                    pagination : false,
                    paginationNumbers : false,
                });
            });
        </script>
```

第三步，相关 HTML 代码如下所示：

```html
<! ---- 旋转木马 ---->
  <div id = "owl-demo" class = "owl-carousel text-center">
    <div class = "item">
      <div class = "cau_left">
        <img class = "lazyOwl" data-src = "images/c1.jpg" alt = "">
      </div>
```

```
          < div class = "cau_left">
            < h4 > < a href = "♯">优秀学员 01 </a></h4>
            < p>2011 届毕业生,××公司创始人</p>
        </div>
        </div>
          < div class = "item">
            < div class = "cau_left">
              < img class = "lazyOwl" data - src = "images/c2.jpg" alt = "">
          </div>
            < div class = "cau_left">
            < h4 >
              < a href = "♯">
              优秀学员 02
              </a>
            </h4>
            < p >
            2011 届毕业生,××公司创始人
            </p>
          </div>
        </div>
        < div class = "item">
          < div class = "cau_left">
            < img class = "lazyOwl" data - src = "images/c3.jpg" alt = "">
          </div>
          < div class = "cau_left">
            < h4 >
              < a href = "♯">
              优秀学员 03
              </a>
            </h4>
            < p >
            2011 届毕业生,××公司创始人
            </p>
          </div>
        </div>
        < div class = "item">
          < div class = "cau_left">
            < img class = "lazyOwl" data - src = "images/c4.jpg" alt = "">
          </div>
          < div class = "cau_left">
            < h4 >
              < a href = "♯">
              优秀学员 04
              </a>
            </h4>
            < p >
            2011 届毕业生,××公司创始人
            </p>
          </div>
```

```
    </div>
    < div class = "item">
      < div class = "cau_left">
        < img class = "lazyOwl" data - src = "images/c5.jpg" alt = "">
      </div>
      < div class = "cau_left">
        < h4 >
          < a href = " # ">
          优秀学员 05
          </a>
        </h4>
        < p >
        2011 届毕业生, × ×公司创始人
        </p>
      </div>
    </div>
    < div class = "item">
      < div class = "cau_left">
        < img class = "lazyOwl" data - src = "images/c6.jpg" alt = "">
      </div>
      < div class = "cau_left">
        < h4 >
          < ahref = " # ">
          优秀学员 06
          </a>
        </h4>
        < p >
        2011 届毕业生, × ×公司创始人
        </p>
      </div>
    </div>
  </div>
```

在上述代码中，创建了 6 个样式为 Item 的节点，用于体现滚动效果。

第四步，如果需要，编写相关 CSS 代码。本例的 owl. carousel. js 这个 java Script 插件已经自带 CSS 文件 owl. carouselcss，读者无需自己编写。

以上的四个步骤也是在网页中引用插件的一般性步骤。

响应式布局代码如下所示：

```
@media only screen and (max - width:1440px) and (min - width:1366px){
    . owl - carousel{
        width:95 % ;
        margin:0 auto;
        padding:2 % ;
    }
}

@media only screen and (max - width:1366px) and (min - width:1280px){
    . owl - carousel{
```

```
            width:95%;
            margin:0 auto;
            padding:2%;
        }
    }

    @media only screen and (max-width:1280px) and (min-width:1024px){
        .owl-carousel{
            width:95%;
            margin:0 auto;
            padding:2%;
        }
    }

    @media only screen and (max-width:1024px) and (min-width:768px){
        .owl-carousel{
            width:95%;
            margin:0 auto;
            padding:2%;
        }
    }

    @media only screen and (max-width:800px) and (min-width:640px){
        .owl-carousel{
            width:95%;
            margin:0 auto;
            padding:2%;
        }
    }

    @media only screen and (max-width:640px) and (min-width:480px){
        .owl-carousel{
            width:95%;
            margin:0 auto;
            padding:2%;
        }
    }

    @media only screen and (max-width:480px) and (min-width:320px){
        .owl-carousel{
        }
    }

    @media only screen and (max-width:320px) and (min-width:240px){
        .owl-carousel{
        }

        #owl-demo.itemimg{
            width:40%;
```

```
        margin:0 auto;
        text - align:center;
    }
}
```

有关 owl. carousel. js，在其官方网站（http://www.owlgraphic.com/owlcarousel/）上有详细的使用说明，请读者自行学习。

3.4.7 版权区域设计

版权区的内容就是文字，所以只需要设置定位方式以及内部文字元素的样式即可。效果图如图 3-24 所示。

图 3-24 版权区域效果图

相关 HTML 代码如下所示：

```
< div class = "footer_bg">
  <! -- startfooter -->
    < div class = "container">
      < div class = "row footer">
        < div class = "copy text - center">
          < p class = "link">
          < span >
          &#169;版权所有
            < a href = "http://www.czie.net/" target = "_blank" title = "常州工程职业技术学院">
            常州工程职业技术学院
            </a>
          </span >
        </p>
      </div >
    </div >
  </div >
</div >
```

相关 CSS 代码如下所示：

```
.footer_bg{
    background: #f6f6f6;
}

.footer{
    padding:4 % ;
```

```
}

.copy p{
    color:#3b3b3b;
    font-size:14px;
    line-height:1.8em;
}

.copy p a{
    color:#ff5454;
    transition:all 0.3 sease-in-out;
}

.copy p a:hover{
    color:#3b3b3b;
    text-decoration:none;
}
```

3.5 专业介绍页面

专业介绍页面是一个典型的列表型网页,以列表的形式展示多项内容,通常情况下需要"分页"。为了让浏览者在列表中预览某个专业的简介,在列表项中增加简介文字和图片。

页面布局如图 3-25 所示。

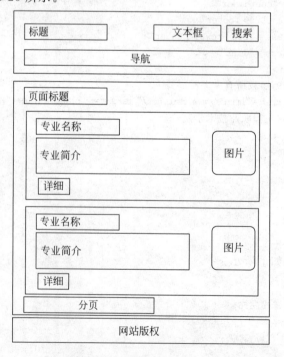

图 3-25 专业介绍页布局图

3.5.1 标题区域设计

专业介绍页的网页标题区和版权区与首页基本一致，唯一不同的是，在网页标题区使用了一个背景图片，该图片在首页被用于巨屏幻灯。这样设计有助于提高网站的整体性。

具体 HTML 代码如下所示：

```html
<div class = "header_bg1">
  <div class = "container">
    <div class = "row header">
      <div class = "logo navbar – left">
        <h1>
          <a href = "index.html">
            ××网络学院
          </a>
        </h1>
      </div>
      <div class = "h_search navbar – right">
        <form>
          <input type = "text" class = "text" value = "">
          <input type = "submit" value = "搜索">
        </form>
      </div>
      <div class = "clearfix">
      </div>
    </div>
  </div>
</div>
```

上述代码中，将最外层的样式改为 header_bg1（首页中为 header_bg）。相关的 CSS 代码如下所示：

```css
. header_bg1{
    border – top:8px groove #3b3b3b;
    background:url('../images/slider_bg.jpg') no – repeat left;
    background – size:100%;
}
```

3.5.2 图文区域设计

该图文区域包含一个专业的介绍，包括专业名称、专业简介、图片、超链接按钮。效果图如图 3-26 所示。

相关 HTML 代码如下所示：

```html
<div class = "technology row">
```

图 3-26   图文区效果图

```
<h2>
热门专业
</h2>
<div class = "technology_list">
  <h4>
  专业 1 名称
  </h4>
  <div class = "col－md－10 tech_para">
    <p class = "para">
    专业 1 介绍文字
    </p>
  </div>
  <div class = "col－md－2 images_1_of_4 bg1 pull－right">
    <span class = "bg">
      <i class = "fa fa－files－o">
      </i>
    </span>
  </div>
  <div class = "clearfix">
  </div>
  <div class = "read_more">
    <a href = "single－page.html" class = "fa－btn btn－1 btn－1e">
    详细
    </a>
  </div>
</div>
<div class = "technology_list">
  <h4>
  专业 2 名称
  </h4>
  <div class = "col－md－10 tech_para">
    <p class = "para">
    专业 2 介绍文字
    </p>
```

```
    </div>
    < div class = "col-md-2 images_1_of_4 bg1 pull-right">
      < span class = "bg">
        < i class = "fa fa-files-o">
        </i>
      </span>
    </div>
    < div class = "clearfix">
    </div>
    < div class = "read_more">
      < a href = "#" class = "fa-btn btn-1 btn-1e">
      详细
      </a>
    </div>
  </div>
  < div class = "technology_list">
    < h4>
    专业3名称
    </h4>
    < div class = "col-md-10 tech_para">
      < p class = "para">
      专业3介绍文字
      </p>
    </div>
    < div class = "col-md-2 images_1_of_4 bg1 pull-right">
      < span class = "bg">
        < i class = "fa fa-files-o">
        </i>
      </span>
    </div>
    < div class = "clearfix">
    </div>
    < div class = "read_more">
      < a href = "#" class = "fa-btn btn-1 btn-1e">
      详细
      </a>
    </div>
  </div>
</div>
```

上述代码中，第1个专业的介绍都放在一个样式为 technology_list 的 div 中。其中，上面部分是专业名称（h4）；中间部分使用 Bootstrap 的栅格系统（col-md-10、col-md-2），分别放置说明文字和图片；下面部分是一个"更多"的超链接按钮，其定义与首页中的一致。

相关 CSS 代码如下所示：

```
/* start technology */
.technology{
    padding:4% 0;
}

.technology h2{
    margin:0 0 20px;
    text-transform:capitalize;
    font-size:3em;
    color:#3b3b3b;
    font-family:'微软雅黑';
}

.technology h4{
    font-size:22px;
    color:#5b5b5b;
    font-weight:100;
    text-transform:capitalize;
    display:block;
    margin:10px 0 8px;
}

.tech_para{
    padding-left:0;
    padding-right:0;
}

.technology_list1{
    margin-top:20px;
}
```

响应式布局代码如下所示：

```
@media only screen and (max-width:768px){
    .technology{
        padding:4%;
    }
    .technology h4{
        font-size:20px;
    }
}
@media only screen and (max-width:640px){
    .technology h4{
        font-size:17px;
    }
}
@media only screen and (max-width:480px){
    .technology h2{
        font-size:2em;
    }
}
```

```
}
@media only screen and (max-width:320px){
    .technology h4{
        font-size:14px;
        line-height:1.5em;
    }
}
```

分页区域直接使用Bootstrap的组件pagination来实现，代码如下所示：

```
<ul class = "pagination">
  <li>
    <a href = "#">
    &laquo;
    </a>
  </li>
  <li>
    <a href = "#">
    1
    </a>
  </li>
  <li>
    <a href = "#">
    2
    </a>
  </li>
  <li>
    <a href = "#">
    3
    </a>
  </li>
  <li>
    <a href = "#">
    4
    </a>
  </li>
  <li>
    <a href = "#">
    5
    </a>
  </li>
  <li>
    <a href = "#">
    &raquo;
    </a>
  </li>
</ul>
```

3.6　"关于我们"页面

"关于我们"这个页面是每个网站都需要的。页面中的内容要尽可能简单、明了,让浏览者很方便地获取所需信息。效果图如图 3-27 和图 3-28 所示。

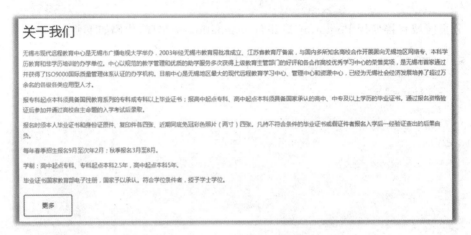

图 3-27　"关于我们"上部分效果图

图 3-28　"关于我们"下部分效果图

页面布局如图 3-29 所示。

在"关于我们"页面中,上方的整行图文布局使用的是首页中定义的 main_bg 样式,下方分为左、右两个部分(使用 Bootstrap 中的栅格系统 col-md-6),布局使用的是 main_btm 样式。

相关 HTML 代码如下所示:

```
<! -- start main -->
  <div class = "main_bg">
    <div class = "container">
      <div class = "about row">
        <h2>
```

图 3-29 "关于我们"页面布局图

```
关于我们
</h2>
<p class = "para">
上方正文
</p>
<a href = "#" class = "fa - btn btn - 1 btn - 1e">
更多
</a>
</div>
</div>
</div>
<! -- end main -->
<div class = "main_btm">
<! -- start main_btm -->
<div class = "container">
<div class = "main row">
<div class = "col - md - 6 content_left">
<imgsrc = "images/pic1.jpg" alt = "" class = "img - responsive">
</div>
<div class = "col - md - 6 content_right">
<h4 >
右下方标题
</h4 >
<p class = "para">
```

```
        右下方正文
        </p>
        <a href = "#" class = "fa - btn btn - 1 btn - 1e">
        更多
        </a>
      </div>
    </div>
  </div>
</div>
```

相关 CSS 代码如下所示：

```css
/ * start about * /
.about{
    padding:4 % 0;
}
.abouth 2{
    margin:0 0 20px;
    text - transform:capitalize;
    font - size:3em;
    color: #3b3b3b;
    font - family:'微软雅黑';
}
.about a{
    position:relative;
    z - index:1;
}
```

响应式布局代码如下所示：

```css
@media only screen and (max - width:768px){
    .about{
        padding:4 % ;
    }
}
@media only screen and (max - width:480px){
    .about h2{
        font - size:2em;
    }
}
```

3.7　最新资讯页面

最新资讯页和之前的专业介绍页比较类似，都是列表型网页，集中展示多项相似内容。因为资讯的内容比专业介绍的内容要丰富一些，所以把该网页设计得更丰富一些。在网页的内容区域做一个局部的左右布局。

页面布局如图 3-30 所示。

```
┌─────────────────────────────────────────────────┐
│  ┌──────────────┐      ┌────────┐ ┌──────┐       │
│  │ 标题         │      │ 文本框 │ │ 搜索 │       │
│  └──────────────┘      └────────┘ └──────┘       │
│  ┌───────────────────────────────────────┐       │
│  │               导航                    │       │
│  └───────────────────────────────────────┘       │
│ ┌───────────────────────────────────────────────┐│
│ │ ┌───────────────────┐   ┌─────────────────┐   ││
│ │ │ 资讯标题          │   │                 │   ││
│ │ └───────────────────┘   │   资讯          │   ││
│ │ ┌───────────────────┐   │   统计          │   ││
│ │ │ 图片              │   └─────────────────┘   ││
│ │ └───────────────────┘   ┌─────────────────┐   ││
│ │ ┌───────────────────┐   │                 │   ││
│ │ │ 内容              │   │   广告          │   ││
│ │ └───────────────────┘   │                 │   ││
│ │ ┌──────┐                └─────────────────┘   ││
│ │ │ 更多 │                ┌─────────────────┐   ││
│ │ └──────┘                │   资讯          │   ││
│ │ ┌───────────────────┐   │   标签          │   ││
│ │ │ 资讯标题          │   │                 │   ││
│ │ └───────────────────┘   └─────────────────┘   ││
│ │ ┌───────────────────┐   ┌─────────────────┐   ││
│ │ │ 图片              │   │ 邮件订阅        │   ││
│ │ └───────────────────┘   └─────────────────┘   ││
│ │ ┌───────────────────┐                          ││
│ │ │ 文字内容          │                          ││
│ │ └───────────────────┘                          ││
│ │ ┌──────┐                                       ││
│ │ │ 更多 │                                       ││
│ │ └──────┘                                       ││
│ └───────────────────────────────────────────────┘│
│ ┌───────────────────────────────────────────────┐│
│ │                 网站版权                       ││
│ └───────────────────────────────────────────────┘│
└─────────────────────────────────────────────────┘
```

图 3-30　最新资讯页面布局图

3.7.1　资讯区域设计

资讯区包括标题、图片、内容及更多按钮，效果图如图 3-31 所示。

图 3-31　资讯区域效果图

相关 HTML 代码如下所示：

```
< div class = "col - md - 8 blog_left">
  < h4 >
    < a href = " # ">
    资讯标题
    </a>
  </h4 >
  < a href = " # ">
    < img src = "images/blog_pic1.jpg" alt = "" class = "blog_imgimg - responsive"/>
  </a>
  < div class = "blog_list">
    < ul class = "list - unstyled">
      < li >
        < i class = "fa fa - calendar - o">
        </i>
        < span >
        发布时间
        </span>
      </li>
      < li >
        < a href = " # ">
          < i class = "fa fa - comment">
          </i>
          < span >
          资讯类别
          </span>
        </a>
      </li>
      < li >
        < a href = " # ">
          < i class = "fa fa - user">
          </i>
          < span >
          发布人
          </span>
        </a>
      </li>
      < li >
        < a href = " # ">
          < i class = "fa fa - eye">
          </i>
          < span >
          阅读人数
          </span>
        </a>
```

```
      </li>
    </ul>
</div>
<p class = "para">
资讯正文
</p>
<div class = "read_more">
  <a href = " # " class = "fa - btn btn - 1 btn - 1e">
  更多
  </a>
</div>
<h4>
  <a href = " # ">
  资讯标题
  </a>
</h4>
<a href = " # ">
  <img src = "images/blog_pic2.jpg" alt = "" class = "blog_imgimg - responsive"/>
</a>
<div class = "blog_list">
  <ul class = "list - unstyled">
    <li>
      <i class = "fa fa - calendar - o">
      </i>
      <span>
      发布时间
      </span>
    </li>
    <li>
      <a href = " # ">
      <i class = "fa fa - comment">
      </i>
      <span>
      资讯类别
      </span>
      </a>
    </li>
    <li>
      <a href = " # ">
      <i class = "fa fa - user">
      </i>
      <span>
      发布人
      </span>
      </a>
    </li>
```

```
    < li >
      < a href = " # ">
        < i class = "fa fa - eye" > .
        </ i >
        < span >
        阅读人数
        </ span >
      </ a >
    </ li >
  </ ul >
</ div >
< p class = "para">
资讯正文
</ p >
< div class = "read_more">
< a href = " # "class = "fa - btn btn - 1 btn - 1e">
  更多
  </ a >
</ div >


</ div >
```

相关的 CSS 代码如下所示：

```
.blog_left{
    display:block;
}


.blog_img{
    margin:4 % 0 2 % ;
}


.blog_left img{
    width:100 % ;
}


.blog_left h4 a{
    margin:0 0 20px;
    display:block;
    text - transform:capitalize;
    font - size:1.5em;
    color: # 3b3b3b;
    font - family:'微软雅黑';
     - webkit - transition:all 0.3 sease - in - out;
     - moz - transition:all 0.3 sease - in - out;
     - o - transition:all 0.3 sease - in - out;
```

```
        transition:all 0.3 sease - in - out;
}

.blog_left h4 a:hover{
    text - decoration:none;
    color:#ff5454;
}

.blog_list{
}

.blog_list ul li{
    display:inline - block;
    margin - left:10px;
}

.blog_list ul li:first - child{
    margin - left:0;
}

.blog_list li a{
    display:block;
    padding:4px 8px;
    color:#b6b6b6;
    text - transform:capitalize;
}

.blog_list ul li i{
    font - size:15px;
    color:#b6b6b6;
}

.blog_list li span{
    padding - left:10px;
    font - size:14px;
    color:#b6b6b6;
}

.blog_list li span:hover,.blog_list li a:hover{
    color:#ff5454;
    text - decoration:none;
}

.read_more a{
    position:relative;
    z - index:1;
```

```
    }
```

响应式布局代码如下所示：

```
@media only screen and (max-width:480px){
    .blog_left h4 a{
        font-size:1em;
    }

    .blog_list ul li{
        margin-left:5px;
    }

    .blog_list li a{
        padding:4px 4px;
    }
}

@media only screen and (max-width:320px){
    .blog_list ul li:nth-child(3){
        margin-left:0;
    }
}
```

3.7.2　侧边区域设计

侧边区域从上到下依次为资讯统计、广告位、资讯标签、邮件订阅。效果图如图3-32～
图3-34所示。

图 3-32　资讯统计效果图

相关 HTML 代码如下所示：

```
<div class="col-md-4 blog_right">
    <div class="social_network_likes">
        <ul class="list-unstyled">
        <li>
            <a href="#" class="tweets">
                <div class="followers">
                    <p>
                        <span>
                        2K
                        </span>
```

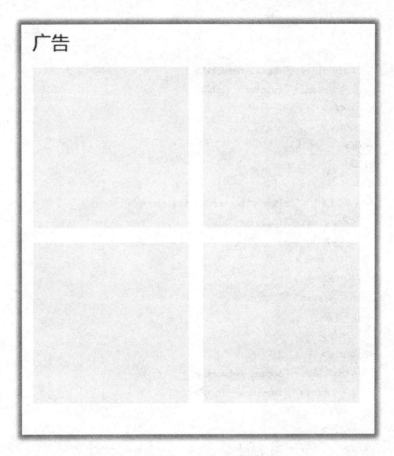

图 3-33　广告位效果图

图 3-34　标签区域及邮件订阅区域效果图

```
          好友
        </p>
      </div>
      <div class = "social_network">
        <i class = "twitter - icon">
        </i>
      </div>
    </a>
</li>
<li>
  <a href = " # " class = "facebook - followers">
    <div class = "followers">
      <p>
        <span>
        5K
        </span>
        关注
      </p>
    </div>
    <div class = "social_network">
      <i class = "facebook - icon">
      </i>
    </div>
  </a>
</li>
<li>
  <a href = " # "class = "email">
    <div class = "followers">
      <p>
        <span>
        7.5K
        </span>
        订阅
      </p>
    </div>
    <div class = "social_network">
      <i class = "email - icon">
      </i>
    </div>
  </a>
</li>
<li>
```

```html
<a href = " # " class = "dribble">
  <div class = "followers">
    <p>
      <span>
      10K
      </span>
      好友
    </p>
  </div>
  <div class = "social_network">
    <i class = "dribble - icon">
    </i>
  </div>
</a>
</li>
<div class = "clear">
</div>
</ul>
</div>
<ul class = "ads_navlist - unstyled">
<h4>
广告
</h4>
<li>
  <a href = " # ">
    <img src = "images/ads_pic.jpg" alt = "">
  </a>
</li>
<li>
  <a href = " # ">
    <img src = "images/ads_pic.jpg" alt = "">
  </a>
</li>
<li>
  <a href = " # ">
    <img src = "images/ads_pic.jpg" alt = "">
  </a>
</li>
<li>
  <a href = " # ">
    <img src = "images/ads_pic.jpg" alt = "">
  </a>
```

```html
      </li>
      <div class = "clearfix">
      </div>
    </ul>
    <ul class = "tag_navlist-unstyled">
      <h4>
      标签
      </h4>
      <li class = "active">
        <a href = "#">
        网页设计
        </a>
      </li>
      <!--更多标签-->
      <div class = "clearfix">
      </div>
    </ul>
    <div class = "news_letter">
      <h4>
      邮件订阅
      </h4>
      <form>
        <span>
          <input type = "text" placeholder = "请输入 Email 地址">
        </span>
        <span class = "pull-right fa-btn btn-1 btn-1e">
          <input type = "submit" value = "订阅">
        </span>
      </form>
    </div>
  </div>
  <div class = "clearfix">
</div>
```

相关的 CSS 代码如下所示：

```css
.blog_right h4{
    text-transform:capitalize;
    font-size:2em;
    color:#3b3b3b;
    font-family:'微软雅黑';
    margin-bottom:15px;
}
```

3.8 "联系我们"页面

"联系我们"页面和"关于我们"页面比较类似,不需要有十分吸引眼球的图片,但是需要简单、易读的文字信息,最好加上一个留言板之类的表单。

页面布局如图 3-35 所示。

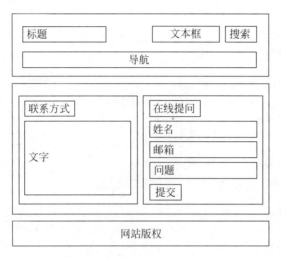

图 3-35 "联系我们"页面布局图

3.8.1 联系方式设计

联系方式效果图如图 3-36 所示。

联系方式

通信地址：常州科教城（常州市武进区滆湖中路3号）

邮政编码：213164

学院网址：http://www.czie.net

招生网址：http://www.czie.net/zs

咨询电话：400-8817-519（免长途话费）

招生QQ：4008817519

图 3-36 联系方式区域效果图

相关 HTML 代码如下所示：

```
< div class = "col - md - 4 company_ad">
< h2 >
```

联系方式
</h2>
<address>
详细地址
</address>
</div>

相关 CSS 代码如下所示：

```css
.company_ad h2{
    margin:0 0 20px;
    text-transform:capitalize;
    font-size:3em;
    color:#3b3b3b;
    font-family:'微软雅黑';
}

.company_ad p{
    font-size:14px;
    color:#3b3b3b;
}

.company_ad p a{
    color:#ff5454;
    transition:all 0.3 sease-in-out;
}

.company_ad p a:hover{
    text-decoration:none;
    color:#3b3b3b;
}
```

响应式布局代码如下所示：

```css
@media only screen and (max-width:640px){
    .company_ad{
        margin-left:0;
    }
}
@media only screen and (max-width:480px){
    .company_ad h2{
        font-size:2em;
    }
}
```

3.8.2　在线提问设计

在线提问效果图如图 3-37 所示。

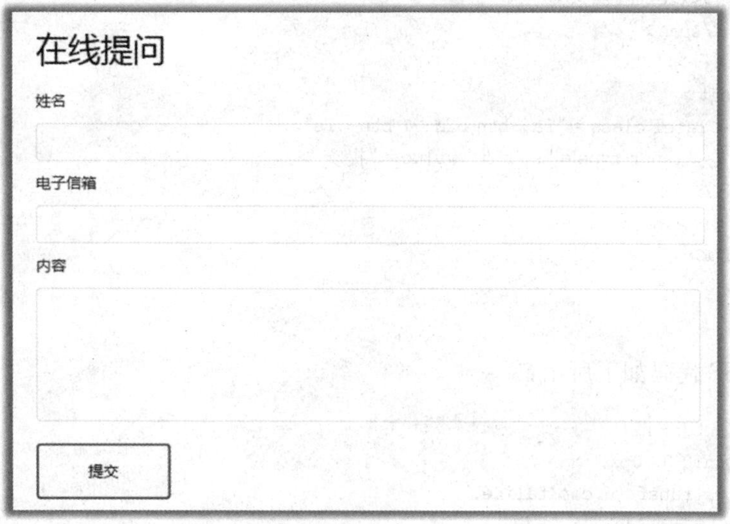

图 3-37　在线提问区域效果图

相关 HTML 代码如下所示：

```html
<div class = "col - md - 8">
  <div class = "contact - form">
    <h2>
    在线提问
    </h2>
    <form method = "post" action = "contact - post.html">
      <div>
        <span>
        姓名
        </span>
        <span>
          <input type = "text" class = "form - control" id = "userName">
        </span>
      </div>
      <div>
        <span>
        电子信箱
        </span>
        <span>
          <input type = "email" class = "form - control" id = "inputEmail3">
        </span>
      </div>
      <div>
        <span>
        内容
        </span>
        <span>
          <textarea name = "userMsg">
```

```
          </textarea>
        </span>
      </div>
      <div>
        <label class = "fa - btn btn - 1 btn - 1e">
          <input type = "submit" value = "提交">
        </label>
      </div>
    </form>
  </div>
</div>
```

相关 CSS 代码如下所示：

```
.contact - form h2{
    margin:0 0 20px;
    text - transform:capitalize;
    font - size:3em;
    color: #3b3b3b;
    font - family:'微软雅黑';
}


.contact - form span{
    display:block;
    text - transform:capitalize;
    font - size:14px;
    color: #5b5b5b;
    font - weight:normal;
    margin - bottom:10px;
}


.contact - form textarea{
    font - family:'微软雅黑';
    padding:10px;
    display:block;
    width:99.3333 % ;
    background: #ffffff;
    outline:none;
    color: #c0c0c0;
    font - size:0.8725em;
    border:1px solid #ECECEC;
    - webkit - appearance:none;
    resize:none;
    height:120px;
    border - radius:4px;
    - webkit - border - radius:4px;
    - moz - border - radius:4px;
    - o - border - radius:4px;
    transition:all 0.3 sease - in - out;
}
```

```
.contact - form textarea:focus{
    border:1px solid #ff5454;
}

.form - control{
    box - shadow:none;
    border:1px solid #ECECEC;
    transition:all 0.3 sease - in - out;
}

.form - control:focus{
    box - shadow:none;
}

.contact - form input [type = "submit"]{
    font - family:'微软雅黑';
    - webkit - appearance:none;
    cursor:pointer;
    border:none;
    outline:none;
    background:none;
    text - transform:uppercase;
    font - weight:100;
}

.contact - form label{
    position:relative;
    z - index:1;
}

.form - control:focus{
    border - color:#ff5454;
}
```

响应式布局代码如下所示：

```
@media only screen and (max - width:480px){
    .contact - form h2{
        font - size:2.5em;
    }
}
```

3.9 项目进阶

  本项目是一个较综合的门户网站，设计了 1 个首页、4 个二级页面。在设计过程中，考虑的多屏幕浏览的情况，是一个响应式网站。网站的核心样式在 style.css 文件中实现。请参考 style.css 文件中的各个样式,制作一个 blue-style.css 文件,实现在不修改网页 HTML 元素的前提下,通过切换 CSS 文件,实现网站风格的转换。

3.10 课 外 实 践

请自行设计一个企业门户,包括首页、企业简介、产品列表、留言板、招贤纳士等页面。

提高项目：移动新闻网站前台设计

知识目标：
- 掌握 JavaScript 操作 HTML 元素的方法
- 掌握 JavaScript 操作 JSON 格式数据的方法

能力目标：
- 能使用 jQuery 操作 HTML 元素
- 能使用 jQuery 操作 JSON 格式的数据

4.1 项目介绍

本项目是一个手机网页应用，设计一个用于阅读新闻的网站。客户端定位于手机等移动设备，需要具有界面简洁、操作方便等特点，效果图如图 4-1 所示。

图 4-1　项目效果图

本项目需要一个数据库作为新闻来源。在设计中，使用了新浪网站的一些新闻作为素材。

4.2　知 识 准 备

4.2.1　JSON 数据格式

JSON(JavaScript Object Notation)是一种轻量级的数据交换格式,类似于 XML。它虽然是 JavaScript 的一个子集,但是采用完全独立于语言的文本格式。这些特性使 JSON 成为理想的数据交换格式,阅读和编写都很方便。

1. JSON 实例

```
{
    "student": [
        {
            "code": "001",
            "name": "张三"
        },
        {
            "code": "002",
            "name": "李四"
        },
        {
            "code": "003",
            "name": "王五"
        }
    ]
}
```

student 对象是包含 3 个学生记录(对象)的数组。上面这段代码来源于如下 JavaScript 语句:

```
var student = [{
    "code": "001",
    "name": "张三"
},
{
    "code": "002",
    "name": "李四"
},
{
    "code": "003",
    "name": "王五"
}];
alert(student.length);
```

通过上述例子,对 JSON 归纳如下:

(1) JSON 指的是 JavaScript 对象表示法(JavaScript Object Notation)。

（2）JSON 是轻量级的文本数据交换格式。

（3）JSON 独立于语言。JSON 使用 JavaScript 语法描述数据对象，但是 JSON 独立于语言和平台。JSON 解析器和 JSON 库支持不同的编程语言。目前很多动态编程语言（PHP、JSP、.NET）支持 JSON。

（4）JSON 具有自我描述性，更易理解。

（5）JSON 文本格式在语法上与创建 JavaScript 对象的代码相同。由于这种相似性，无须解析器，JavaScript 程序能够使用内建的 eval() 函数，用 JSON 数据生成原生的 JavaScript 对象。

2. JSON 语法

JSON 语法是 JavaScript 对象表示法语法的子集。

1）名称/值对

JSON 数据的书写格式是：名称/值对，包括字段名称（在双引号中），后面写一个冒号，然后是值，如下所示。

```
"name":"张三"
```

这很容易理解，等价于下述 JavaScript 语句：

```
name = "张三"
```

2）JSON 值

- 数字（整数或浮点数）
- 字符串（在双引号中）
- 逻辑值（true 或 false）
- 数组（在方括号中）
- 对象（在花括号中）
- null

3）JSON 对象

JSON 对象在花括号中书写，可以包含多个名称/值对：

```
{
    "code" : "001",
    "name" : "张三"
}
```

这一点也容易理解，与下述 JavaScript 语句等价：

```
code = "001"
name = "张三"
```

4）JSON 数组

JSON 数组在方括号中书写，可包含多个对象：

```
{
```

```
    "student": [
        {
            "code": "001",
            "name": "张三"
        },
        {
            "code": "002",
            "name": "李四"
        },
        {
            "code": "003",
            "name": "王五"
        }
    ]
}
```

在上例中，对象"student"是包含 3 个对象的数组。每个对象代表一条关于某个学生（学号、姓名）的记录。

5）JSON 使用 JavaScript 语法

因为 JSON 使用 JavaScript 语法，所以无须额外的软件就能处理 JavaScript 中的 JSON。

通过 JavaScript，可以创建一个对象数组，并像下述形式一样赋值：

```
var student = [{
    "code": "001",
    "name": "张三"
},
{
    "code": "002",
    "name": "李四"
},
{
    "code": "003",
    "name": "王五"
}];
```

可以像下述形式一样访问 JavaScript 对象数组中的第一项：

```
student[0].code;
```

返回的内容是"001"。

可以如下修改数据：

```
student[0].code = "009";
```

6）JSON 文件

JSON 文件的类型是.json。JSON 文本的 MIME 类型是 application/json。

7）把 JSON 文本转换为 JavaScript 对象

JSON 最常见的用法之一，是从 Web 服务器读取 JSON 数据（作为文件或 HttpRequest），将 JSON 数据转换为 JavaScript 对象，然后在网页中使用该数据。

```
var txt = '{"student":['
+ '{"code":"001","name":"张三"},'
+ '{"code":"002","name":"李四"},'
+ '{"code":"003","name":"王五"}]}';
```

由于 JSON 语法是 JavaScript 语法的子集，JavaScript 函数 eval()可用于将 JSON 文本转换为 JavaScript 对象。

```
var obj = eval("(" + txt + ")");
```

eval()函数可编译并执行任何 JavaScript 代码。这隐藏了一个潜在的安全问题。

使用 JSON 解析器将 JSON 转换为 JavaScript 对象是更安全的做法。但 JSON 解析器只能识别 JSON 文本，而不会编译脚本。

在浏览器中，提供了原生 JSON 支持，而且 JSON 解析器的速度更快。

```
var obj = JSON.parse(txt);                    //比 eval 方法更安全高效
```

对于较老的浏览器，可使用 JavaScript 库：https://github.com/douglascrockford/JSON-js。

有关 JSON 的更多使用方法，请参阅其官方网站的文档和例子，自行学习，本书不再展开描述。

JSON 相关网站如下所示。

百度百科：http://baike.baidu.com/view/136475.htm。

JSON 中文教程：www.w3school.com.cn/JSON.

4.2.2　jQuery 基础

jQuery 是一个快速、简单的 JavaScript 库，它简化了 HTML 元素操作、事件处理、动画、AJAX 互动，极大地提高了编写 JavaScript 代码的效率，使代码更加优雅、健壮。

1. 下载 jQuery

jQuery 是一个 JS 文件，可以在其官网 http://jquery.com 中下载，如图 4-2 所示。

目前，jQuery 有两个版本，分别是 1.x 版和 2.x 版。两者的主要区别为：2.x 版为了有更高的效率和更小的文件体积，不支持 IE6、IE7 以及 IE8。

为了方便调试，每个版本的 jQuery 都有两种文件，一个是未压缩的版本，适用于平时开发时调试用，命名为 jquery-xxx.js（xxx 表示具体的版本号）；另一个是压缩版本（jQuery 使用 UglifyJS 作为压缩工具，该工具对 JS 的压缩非常高，有兴趣的读者可以自行学习），适用于正式发布时用，命名为 jquery-xxx.min.js。

图 4-3 所示为最新的 jQuery 文件。可以看出，1.x 版比 2.x 版的文件大一些，压缩版（min 版）比未压缩版的文件小很多。

图 4-2　jQuery 官网首页

名称	修改日期	类型	大小
jquery-1.11.3.js	2015/6/22 10:06	JS 文件	278 KB
jquery-1.11.3.min.js	2015/6/22 10:06	JS 文件	94 KB
jquery-1.11.3.min.map	2015/6/22 10:07	Linker Address ...	139 KB
jquery-2.1.4.js	2015/6/22 10:07	JS 文件	242 KB
jquery-2.1.4.min.js	2015/6/22 10:07	JS 文件	83 KB
jquery-2.1.4.min.map	2015/6/22 10:07	Linker Address ...	125 KB

图 4-3　下载的不同类型的 jQuery 文件

2. 使用 jQuery

在使用 jQuery 前,需要先引用。在平时开发过程中,建议使用未压缩版本,方便调试。下面以一个实例展示其使用过程。

```
< html xmlns = "http://www.w3.org/1999/xhtml">

    < head >
        < script src = "/jquery/jquery - 1.11.3.min.js" type = "text/javascript">
        </script>
        < script type = "text/javascript">
            $ (document).ready(function() {
                $ ("a").click(function() {
                    $ ('# time').html(newDate());
                });
            });
        </script>
        < title >
        </title>
    </head>
```

```
<body>
    <div id = "time">
    </div>
    <a href = "#">
        显示时间
    </a>
</body>
```

`</html>`

运行后，效果如图 4-4 所示。

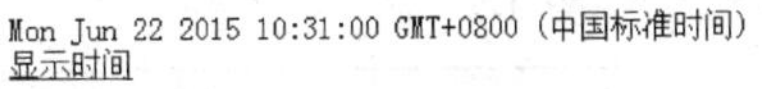

```
Mon Jun 22 2015 10:31:00 GMT+0800 (中国标准时间)
显示时间
```

图 4-4　实例显示效果

在这个例子中，首先在 head 部分引用了 jQuery 文件：

`< script src = "/jquery/jquery - 1.11.3.min.js"></script >`

代码中，所有使用到 jQuery 的 JS 代码都写在 $ (document).ready() 函数（文档就绪函数）中，目的是防止文档在完全加载（就绪）之前运行 jQuery 代码。这段代码比较容易理解：在 a 元素（超链接）的单击（click）事件中，将当前系统时间显示在 id 为 time 的 div 元素中。

```
$ ("a").click(function() {
    $ ('#time').html(newDate());
});
```

3. jQuery 语法

jQuery 语法的思路是：先按照一定规则"选中"某个（或多个）HTML 元素，然后对元素执行某些操作。

基础语法是：

`$ (selector).action()`

$ （美元符号）是 jQuery 最重要的一个函数（函数名就是 jQuery，$ 是函数的简写）。选择符（selector）是"查询"和"查找"HTML 元素的规则（一般是字符串）；action() 是指元素执行的操作。在前面的例子中，$ ('#time').html() 中 html() 函数的作用就是修改某个元素内部的 HTML 内容。

示例如下：

```
$ (this).hide()              //隐藏当前元素
$ ("p").hide()               //隐藏所有 p(段落)
$ (".test").hide()           //隐藏所有 class = "test"的所有元素
$ ("#test").hide()           //隐藏 id = "test"的元素
```

4. jQuery 选择器

jQuery 提供了方便、高效的选择 HTML 元素的方法，可以说，jQuery 选择器是整个

jQuery 的精髓,如表 4-1~表 4-9 所示。

表 4-1　基本选择器

$(#id)$	根据给定的 id 匹配一个元素
$(.class)$	根据给定的类名匹配元素
$(element)$	根据给定的元素名匹配元素
$(*)$	匹配所有元素
$(selector1,selector2,\dots,selectorN)$	将每一个选择器匹配到的元素合并后一起返回

表 4-2　层次选择器

$("ancestor descendant")$	选取 ancestor 元素里的所有 descendant(后代)元素
$("parent > child")$	只选取 parent 元素下的 child(子层级)元素,与 $("ancestor descendant")$ 有区别。前者选择所有后代元素(含且不限于子层级)
$('prev + next')$	选取紧接在 prev 元素后的 next 元素
$('prev \sim siblings')$	选取 prev 元素之后的 next 元素

表 4-3　过滤选择器

$("selector:first")$	选取第一个元素
$("selector:last")$	选取最后一个元素
$("selector:not(selector2)")$	去除所有与给定选择器匹配的元素
$("selector:even")$	选取索引是偶数的所有元素,索引从 0 开始
$("selector:odd")$	选取索引是奇数的所有元素,索引从 0 开始
$("selector:eq(index)")$	选取索引等于 index 的元素,index 从 0 开始
$("selector:gt(index)")$	选取索引大于 index 的元素,index 从 0 开始
$("selector:lt(index)")$	选取索引小于 index 的元素,index 从 0 开始
$(":header")$	选取所有的标题元素,如 h1、h2、h3 等
$(":animated")$	选取当前正在执行动画的所有元素

表 4-4　基本过滤选择器

$(":contains(text)")$	选取含有文本内容为 text 的元素
$(":empty")$	选取不包含子元素或者文本的空元素
$(":has(selector2)")$	选取含有选择器所匹配的元素
$(":parent")$	选取含有子元素或者文本的元素

表 4-5　可见性过滤选择器

$(":hidden")$	选取所有不可见的元素
$(":visible")$	选取所有可见的元素

表 4-6 属性过滤选择器

$ ("selector[attribute]")	选取拥有此属性的元素
$ ("selector[attribute＝value]")	选取属性的值为 value 的元素
$ ("selector[attribute! ＝value]")	选取属性的值不等于 value 的元素
$ ("selector[attribute^＝value]")	选取属性的值以 value 开始的元素
$ ("selector[attribute $ ＝value]")	选取属性的值以 value 结束的元素
$ ("selector[attribute * ＝value]")	选取属性的值含有 value 的元素
$ ("selector[selector2][selectorN]")	用属性选择器合并成一个复合属性选择器，满足多个条件。每选择一次，缩小一次范围，如 $ ("div[id][title $ ＝ 'test']") 选取拥有属性 id,并且属性 title 以 test 结束的<div>元素

表 4-7 子元素过滤选择器

$ (":nthchild(index/even/odd/equation)")	选取每个父元素下的第 index 个子元素或者奇偶元素，index 从 1 算起
$ ("selector:first child")	选取每个父元素的第一个子元素
$ ("selector:last child")	选取每个父元素的最后一个子元素
$ ("selector:only child")	如果某个元素是它父元素中唯一的子元素,将会被匹配；如果父元素中含有其他元素,则不会被匹配

表 4-8 表单对象属性过滤选择器

$ ("selector:enabled")	选取所有可用元素
$ ("selector:disabled")	选取所有不可用元素
$ ("selector:checked")	选取所有被选中的元素（radio checkbox）
$ ("selector:selected")	选取所有被选中的选项元素（select）

表 4-9 表单选择器

$ (":input")	选取所有的<input>、<textarea>、<select>、<button>元素
$ (":text")	选取所有的单行文本框
$ (":password")	选取所有的密码框
$ (":radio")	选取所有的单选按钮
$ (":checkbox")	选取所有的复选框
$ (":submit")	选取所有的提交按钮
$ (":image")	选取所有的图像按钮
$ (":reset")	选取所有的重置按钮
$ (":button")	选取所有的按钮
$ (":file")	选取所有的上传域
$ (":hidden")	选取所有不可见元素

5. jQuery 事件

首先,经常使用的添加事件的方式如下所示：

```
<input type = "button" id = "btn" value = "点击" onclick = "showMsg();" />
<script type = "text/javascript">
    function showMsg() {
        alert("消息显示");
    }
</script>
```

最常用的是以为元素添加 onclick 元素属性的方式来添加事件。另一种是通过修改 dom 属性的方式来添加事件：

```
<input type = "button" id = "btn2" value = "点击" />
<script type = "text/javascript">
    function showMsg() {
        alert("消息显示");
    }

    $ (function () {
        document.getElementById("btn2").onclick = showMsg;
    });
</script>
```

添加元素属性和修改 dom 属性这两种方法的效果相同，但不等效。

```
$ (function () {
    //等效于<input type = "button" id = "btn2" value = "click me!" onclick = "alert('消息显示')" />
    document.getElementById("btn2").onclick = showMsg;
});

//相当于:
//   document.getElementById("btn").onclick = function(){
//       alert("msg is showing!");
//   }
<input type = "button" id = "btn" value = "click me!" onclick = "showMsg();" />
```

这两种方式的弊端是：

(1) 只能为一个事件添加一个事件处理函数，使用赋值符会将前面的函数冲掉。

(2) 在事件处理函数中，获取事件对象的方式不同。

(3) 添加多播委托的函数在不同浏览器中不同。

多播委托是指在 IE 中，通过 dom. attachEvent，在 Firefox 中采用 dom. addEventListener 方式来添加事件。

所以，应该摒弃通过修改元素属性和通过修改 dom 属性的方式添加事件，而应该使用多播事件的委托方式添加事件处理函数。

使用 jQuery 事件处理函数的好处是：

(1) 添加的是多播事件委托。可以为 dom 的 click 事件添加一个函数后，再次添加一个函数。

(2) 统一了事件名称。添加多播委托时，IE 在事件名称前加了"on"，而 Firefox 直接使用事件名称。

（3）可以将对象行为全部用脚本控制。使用脚本控制元素行为，使用 HTML 标签控制元素内容，用 CSS 控制元素样式，达到了元素的行为、内容、样式分离的状态。

表 4-10 列出了基础的 jQuery 事件处理函数。

表 4-10　基础的 **jQuery** 事件处理函数

函　数　名	说　　明	例　　子

bind(type,[data],fn)	为匹配元素的指定事件添加事件处理函数	function secondClick() {
		　　　alert("second click!");
		}
		$("#dv1").bind("click", secondClick);

one(type,[data],fn)	为匹配元素的指定事件添加一次性事件处理函数；
	通过 fn() 函数参数 data 属性可获取值
		//数据通过 fn() 的参数传递过去
		//例如，fn 的参数是 e，则在 fn() 内部可以通过 e.data 获取设定的参数
		$("#dv1").one("click", { name："zzz", age：20 },
		function (e) {
		　　　alert(e.data.name);
		});

trigger(event,[data])	在匹配的元素上触发某类事件； 此函数导致浏览器同名的默认行为被执行	见下例
triggerHandler (event,[data])	触发指定的事件类型上所绑定的处理函数； 不会执行浏览器默认行为	见下例

unbind(type,fn)	为匹配的元素解除指定事件的处理函数	//如果没有参数，则解除匹配元素的所有事件处理函数
		$("#dv1").unbind();
		
		//如果提够了事件类型参数，则只删除该事件类型的处理函数
		$("#dv1").unbind("click");
		
		//如果把绑定时传递的处理函数作为第二个参数传递，则只删除该处理函数
		$("#dv1").unbind("click", secondClick);

6. jQuery 效果

jQuery 效果如表 4-11 所示。

表 4-11　**jQuery** 效果

方　　法	描　　述
animate()	对被选元素应用自定义的动画

续表

方　　法	描　　述
clearQueue()	对被选元素移除所有排队的函数(仍未运行的)
delay()	对被选元素的所有排队函数(仍未运行)设置延迟
dequeue()	运行被选元素的下一个排队函数
fadeIn()	逐渐改变被选元素的不透明度,从隐藏到可见
fadeOut()	逐渐改变被选元素的不透明度,从可见到隐藏
fadeTo()	把被选元素逐渐改变至给定的不透明度
hide()	隐藏被选的元素
queue()	显示被选元素的排队函数
show()	显示被选的元素
slideDown()	通过调整高度来滑动显示被选元素
slideToggle()	对被选元素进行滑动隐藏和滑动显示的切换
slideUp()	通过调整高度来滑动隐藏被选元素
stop()	停止在被选元素上运行动画
toggle()	对被选元素进行隐藏和显示的切换

7. jQuery 文档操作

表 4-12 所示方法中,除了 html()方法外,都同时适用于 XML 文档和 HTML 文档。

表 4-12　jQuery 文档操作方法

方　　法	描　　述
addClass()	向匹配的元素添加指定的类名
after()	在匹配的元素之后插入内容
append()	向匹配元素集合中的每个元素结尾插入由参数指定的内容
appendTo()	向目标结尾插入匹配元素集合中的每个元素
attr()	设置或返回匹配元素的属性和值
before()	在每个匹配的元素之前插入内容
clone()	创建匹配元素集合的副本
detach()	从 dom 中移除匹配元素集合
empty()	删除匹配的元素集合中所有的子节点
hasClass()	检查匹配的元素是否拥有指定的类
html()	设置或返回匹配的元素集合中的 HTML 内容
insertAfter()	把匹配的元素插入另一个指定的元素集合的后面
insertBefore()	把匹配的元素插入另一个指定的元素集合的前面
prepend()	向匹配元素集合中的每个元素开头插入由参数指定的内容
prependTo()	向目标开头插入匹配元素集合中的每个元素
remove()	移除所有匹配的元素
removeAttr()	从所有匹配的元素中移除指定的属性
removeClass()	从所有匹配的元素中删除全部或者指定的类
replaceAll()	用匹配的元素替换所有匹配到的元素
replaceWith()	用新内容替换匹配的元素

续表

方 法	描 述
text()	设置或返回匹配元素的内容
toggleClass()	从匹配的元素中添加或删除一个类
unwrap()	移除并替换指定元素的父元素
val()	设置或返回匹配元素的值
wrap()	把匹配的元素用指定的内容或元素包裹起来
wrapAll()	把所有匹配的元素用指定的内容或元素包裹起来
wrapinner()	将每一个匹配的元素的子内容用指定的内容或元素包裹起来

8. jQuery 属性操作

表 4-13 所示方法中，除了 html() 方法外，都同时适用于 XML 文档和 HTML 文档。

表 4-13 jQuery 属性操作方法

方 法	描 述
addClass()	向匹配的元素添加指定的类名
attr()	设置或返回匹配元素的属性和值
hasClass()	检查匹配的元素是否拥有指定的类
html()	设置或返回匹配的元素集合中的 HTML 内容
removeAttr()	从所有匹配的元素中移除指定的属性
removeClass()	从所有匹配的元素中删除全部或者指定的类
toggleClass()	从匹配的元素中添加或删除一个类
val()	设置或返回匹配元素的值

9. jQuery CSS 操作

表 4-14 列出的这些方法设置或返回元素的 CSS 相关属性。

表 4-14 jQuery CSS 属性

CSS 属性	描 述
css()	设置或返回匹配元素的样式属性
height()	设置或返回匹配元素的高度
offset()	返回第一个匹配元素相对于文档的位置
offsetParent()	返回最近的定位祖先元素
position()	返回第一个匹配元素相对于父元素的位置
scrollLeft()	设置或返回匹配元素相对滚动条左侧的偏移
scrollTop()	设置或返回匹配元素相对滚动条顶部的偏移
width()	设置或返回匹配元素的宽度

10. jQuery 遍历

jQuery 遍历函数包括用于筛选、查找和串联元素的方法，如表 4-15 所示。

表 4-15   jQuery 遍历函数

函 数	描 述
.add()	将元素添加到匹配元素的集合中
.andSelf()	把堆栈中之前的元素集添加到当前集合中
.children()	获得匹配元素集合中每个元素的所有子元素
.closest()	从元素本身开始,逐级向上级元素匹配,并返回最先匹配的祖先元素
.contents()	获得匹配元素集合中每个元素的子元素,包括文本和注释节点
.each()	对 jQuery 对象进行迭代,为每个匹配元素执行函数
.end()	结束当前链中最近的一次筛选操作,并将匹配元素集合返回到前一次的状态
.eq()	将匹配元素集合缩减为位于指定索引的新元素
.filter()	将匹配元素集合缩减为匹配选择器或匹配函数返回值的新元素
.find()	获得当前匹配元素集合中每个元素的后代,由选择器筛选
.first()	将匹配元素集合缩减为集合中的第一个元素
.has()	将匹配元素集合缩减为包含特定元素的后代的集合
.is()	根据选择器检查当前匹配元素集合。如果存在至少一个匹配元素,返回 true
.last()	将匹配元素集合缩减为集合中的最后一个元素
.map()	把当前匹配集合中的每个元素传递给函数,产生包含返回值的新 jQuery 对象
.next()	获得匹配元素集合中每个元素紧邻的同辈元素
.nextAll()	获得匹配元素集合中每个元素之后的所有同辈元素,由选择器筛选(可选)
.nextUntil()	获得每个元素之后所有的同辈元素,直到遇到匹配选择器的元素为止
.not()	从匹配元素集合中删除元素
.offsetParent()	获得用于定位的第一个父元素
.parent()	获得当前匹配元素集合中每个元素的父元素,由选择器筛选(可选)
.parents()	获得当前匹配元素集合中每个元素的祖先元素,由选择器筛选(可选)
.parentsUntil()	获得当前匹配元素集合中每个元素的祖先元素,直到遇到匹配选择器的元素为止
.prev()	获得匹配元素集合中每个元素紧邻的前一个同辈元素,由选择器筛选(可选)
.prevAll()	获得匹配元素集合中每个元素之前的所有同辈元素,由选择器筛选(可选)
.prevUntil()	获得每个元素之前所有的同辈元素,直到遇到匹配选择器的元素为止
.siblings()	获得匹配元素集合中所有元素的同辈元素,由选择器筛选(可选)
.slice()	将匹配元素集合缩减为指定范围的子集

对于 jQuery 的高级运用,特别是众多 jQuery 插件的使用,请参阅其官方网站的文档和例子,自行学习。本书不再展开描述。

jQuery 相关网站如下所示。

jQuery 官方网站：http://jquery.com.

jQuery 中文教程：http://www.w3school.com.cn/jquery.

4.2.3   AJAX

AJAX(Asynchronous JavaScript and XML)的中文为"异步的 JavaScript 和 XML"。它不是编程语言,而是一种远程数据访问的方法。使用 AJAX 技术,能在不重新加载整个页面的情况下,与服务器交换数据,并更新部分网页。

使用原生的 JavaScript 语言实现 AJAX 十分麻烦,而且因为浏览器不同,在实现过程中需要考虑很多兼容性问题。

幸运的是，jQuery 解决了这些烦琐的问题，用户只需要调用就可以了。jQuery 的 get() 和 post() 方法用于通过 HTTP GET 或 POST 请求从服务器请求数据。从文字含义上来讲，GET 基本上用于从服务器获得(取回)数据。POST 常用于向服务器发送数据并返回结果数据。

示例如下：

```
/*
get 方法语法：
$ .get(URL,callback);
URL 参数(必须)，请求的 URL
callback 参数(可选)，是请求成功后所执行的函数名
*/
$ .get("action.aspx",
function(data, status) {
    alert("Data:" + data + ",Status:" + status);
});
/*
post 方法语法：
$ .get(URL,data,callback);
URL 参数(必须)，请求的 URL
data 参数(可选)，请求时发送的数据
callback 参数(可选)，是请求成功后所执行的函数名
*/
$ .post("action.aspx", {
    name: "admin",
    password: "123456"
},
function(data, status) {
    alert("Data:" + data + "\nStatus:" + status);
});
```

jQuery 库拥有完整的 AJAX 兼容套件。其中的函数和方法允许用户在不刷新浏览器的情况下，从服务器加载数据，函数如表 4-16 所示。

表 4-16 jQuery 函数

函 数	描 述
jQuery. ajax()	执行异步 HTTP(AJAX)请求
. ajaxComplete()	当 AJAX 请求完成时，注册要调用的处理程序。这是一个 AJAX 事件
. ajaxError()	当 AJAX 请求完成且出现错误时，注册要调用的处理程序。这是一个 AJAX 事件
. ajaxSend()	在 AJAX 请求发送之前，显示一条消息
jQuery. ajaxSetup()	设置将来的 AJAX 请求的默认值
. ajaxStart()	当首个 AJAX 请求完成开始时，注册要调用的处理程序。这是一个 AJAX 事件
. ajaxStop()	当所有 AJAX 请求完成时，注册要调用的处理程序。这是一个 AJAX 事件
. ajaxSuccess()	当 AJAX 请求成功完成时，显示一条消息

续表

函　　数	描　　述
jQuery. get()	使用 HTTP GET 请求,从服务器加载数据
jQuery. getJSON()	使用 HTTP GET 请求,从服务器加载 JSON 编码数据
jQuery. getScript()	使用 HTTP GET 请求,从服务器加载 JavaScript 文件,然后执行该文件
. load()	从服务器加载数据,然后返回的 HTML 放入匹配元素
jQuery. param()	创建数组或对象的序列化表示,适合在 URL 查询字符串或在 AJAX 请求中使用
jQuery. post()	使用 HTTP POST 请求,从服务器加载数据
. serialize()	将表单内容序列化为字符串
. serializeArray()	序列化表单元素,返回 JSON 数据结构数据

4.3　网站规划与设计

本项目分为服务器端编程和客户端编程两个方面,下面分别进行描述。

服务器端主要包含多个 JSON 格式的数据文件作为网站的数据源,其功能包括:

(1) 新闻分类(category. json)。

(2) 首页新闻列表(top5. json)。

(3) 分类新闻列表(list01. json～list04. json)。

(4) 新闻详细内容(article_xx. htm,xx 表示新闻编号)。

客户端有 3 个网页,分别为首页(index. htm)、列表页(list. htm)和内容页(article_xx. htm)。

(1) 在首页显示新闻根分类。

(2) 在首页显示新闻各个根分类下的新闻列表。

(3) 显示某个分类下的新闻列表。

(4) 显示某条新闻的详细信息。

系统流程如下所述:

(1) 客户端打开网站首页,将发送读取根分类列表的请求给服务器。

(2) 服务器将生成 JSON 格式的数据返回给客户端。

(3) 客户端接收 JSON 格式的数据。

(4) 客户端呈现新闻分类列表。

(5) 客户端在遍历每个新闻分类的过程中,将发送读取该分类下前 5 条新闻列表的请求给服务器。

(6) 服务器将生成 JSON 格式的数据返回给客户端。

(7) 客户端接收 JSON 格式的数据。

(8) 客户端呈现 Top 5 的新闻列表。

（9）用户选择某个分类。

（10）客户端将发送读取该分类下前 25 条新闻列表的请求给服务器。

（11）服务器将生成 JSON 格式的数据返回给客户端。

（12）客户端接收 JSON 格式的数据。

（13）客户端呈现 Top 25 的新闻列表。

（14）客户选择某条新闻。

（15）客户端发送读取该新闻的请求给服务器。

（16）服务器将新闻的标题、发布日期、内容显示到网页。

具体流程如图 4-5 所示。

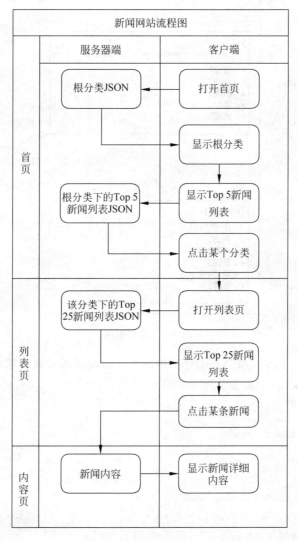

图 4-5 网站流程

4.4　新闻首页

本项目中,网站的首页由两个部分组成:上方为新闻根分类的列表,用于快速访问某个分类下的新闻列表页;下方是每个分类的前 5 条最新新闻。每个部分的上方是分类名称,下方有 5 条新闻的标题超链接。

页面布局如图 4-6 所示。

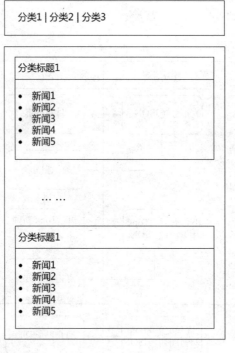

图 4-6　首页布局

需要注意的是,下方的那个各个分类的前 5 条最新新闻的列表是动态生成的,所以首页的 HTML 比较简单,只需要 2 个 div 即可。

具体代码如下所示:

```
< div id = "nav" class = "nav">

</div>

< div id = "list" class = "index - list">

</div>
```

虽然 HTML 的代码比较简单,只是做了 2 个 div 容器,但容器中的具体内容需要使用 JavaScript 动态控制。

具体代码如下所示:

```
$(document).ready(function(){
$.getJSON('data/category.json',function(json){
var htm = '';
for(var i in json){
htm += '|';
htm += '<ahref = "#"'
+ 'data - id = "' + json[i].id + '"'
+ 'data - name = "' + json[i].name + '"'
+ '>' + json[i].name + '</a>';
}
$('#nav').html(htm);
$('#nav').find('a').bind('click',function(){
viewList(
$(this).attr('data - id'),
$(this).attr('data - name')
);
});
});


$.getJSON('data/top5.json',function(json){
var htm = '';
var lastCategory = '';
for (var i in json) {
if (lastCategory != json[i].category){
lastCategory = json[i].category;
htm += '<h2>' + lastCategory + '</h2>';
}
htm += '<div>';
htm += '<a href = "#"'
+ 'data - id = "' + json[i].id + '"'
+ 'data - categoryId = "' + json[i].id.substring(0,2) + '"'
+ 'data - categoryName = "' + json[i].category + '"'
+ '>' + json[i].title + '</a>';
htm += '</div>';
}
$('#list').html(htm);
$('#list').find('a').bind('click',function(){
viewNews(
$(this).attr('data - id'),
$(this).attr('data - categoryId'),
$(this).attr('data - categoryName')
);
});
});
});
```

在上述 JS 代码中，使用 jQuery 的 getJSON 方法，从服务器动态获取 2 个 JSON 数据。其中，category.json（新闻类别）中的内容结构如下所示：

```
[{
"id":"01",
"name":"要闻"
},
{
"id":"02",
"name":"国内"
},
{
"id":"03",
"name":"科技"
},
{
"id":"04",
"name":"教育"
}]
```

top5.json(首页 Top 5 新闻列表)中的内容结构如下所示:

```
[{
"id":"01000001",
"title":"新闻 20150501000001",
"category":"要闻"
},
{
"id":"01000002",
"title":"新闻 20150501000002",
"category":"要闻"
},
…
{
"id":"04000019",
"title":"新闻 20150501000019",
"category":"教育"
},
{
"id":"04000020",
"title":"新闻 20150501000020",
"category":"教育"
}]
```

这里要注意新闻 id 的编码规则。例如 04000020,前 2 位数字(04)表示新闻类别的编号(04 表示教育),后 6 位(000020)表示新闻的流水号。

通过对 JSON 对象的遍历,动态生成新闻分类和新闻详细超链接的 HTML 代码,调用 jQuery 的 html()方法,将 HTML 代码填充到对应的容器中。

在动态生成超链接时,没有指定<a>元素的 href 属性,而是将相关的数据存储到<a>元素的自定义属性(data-开头)中。最后生成的超链接代码如下所示:

```
< a href = "#" data - id = "01" data - name = "要闻">要闻</a>
```

```
< a href = "#" data - id = "04000020" data - categoryId = "04" data - categoryName = "要闻">新
闻标题</a>
```

将超链接代码填充到容器后，使用 jQuery，为每个＜a＞元素绑定 click 事件处理函数。相关代码如下所示。

1）绑定新闻分类超链接的 click 事件

```
$ ('#nav').html(htm);
$ ('#nav').find('a').bind('click',function(){
viewList(
$ (this).attr('data - id'),
$ (this).attr('data - name')
);
});
```

2）绑定新闻详细超链接的 click 事件

```
$ ('#list').html(htm);
$ ('#list').find('a').bind('click',function(){
viewNews(
$ (this).attr('data - id'),
$ (this).attr('data - categoryId'),
$ (this).attr('data - categoryName')
);
});
```

需要注意的是，这两个 bind 方法必须在 getJSON 方法的回调函数中调用。

单击新闻分类超链接将调用 viewList（）函数；单击新闻详细超链接，将调用 viewNews（）函数。这两个函数在其他页面中也需要使用，所以将其定义放在独立的 fun.js 文件中，以便重用。

fun.js 代码如下所示：

```
function viewNews(news,categoryId,categoryName){
window. localStorage. setItem('newsId',news);
window. localStorage. setItem('categoryId',categoryId);
window. localStorage. setItem('categoryName',categoryName);
window. location = 'news. htm';
}

function viewList(categoryId,categoryName){
window. localStorage. setItem('categoryId',categoryId);
window. localStorage. setItem('categoryName',categoryName);
window. location = 'list. htm';
}
```

两个函数的思路是一致的：先将参数中的值（新闻编号、列表编号、类别名称）存储到 localStorage（HTML 本地存储）中，然后使用 window. location 重定向网页。

相关的 CSS 代码如下所示：

```
body{
padding:0px;
margin:0px;
font-size:14px;
}
.nav{
padding:5px;
color:#ffffff;
background-color:#2A75D0;
border-top:1pxsolid#2a75d0;
}
.nav>a{
color:#ffffff;
text-decoration:none;
}
.index-list{
margin:5px0;
}
.index-list>h2{
font-size:1.5em;
font-weight:bold;
color:#000;
padding:5px;
margin:0px;
border-top:1px solid #9DCAEE;
background-color:#ebf7fe;
border-bottom:1px solid #9dcaee;
}
.index-list>div{
font-size:1em;
line-height:1.5em;
padding-left:10px;
}
.index-list>div>a{
text-decoration:none;
}
```

4.5　新闻列表模块

当用户单击首页上方的新闻分类超链接后,跳转到该页面。该页面的工作是把当前分类下的前25条新闻列表显示出来。

在本项目中,该页面分为上、下两个区域。上方用于导航,显示首页连接和当前分类的名称;下方的区域用于显示新闻标题列表。

页面布局如图4-7所示。

本页面与首页类似。由于新闻列表页的内容是由 JavaScript 动态生成的,因此只需

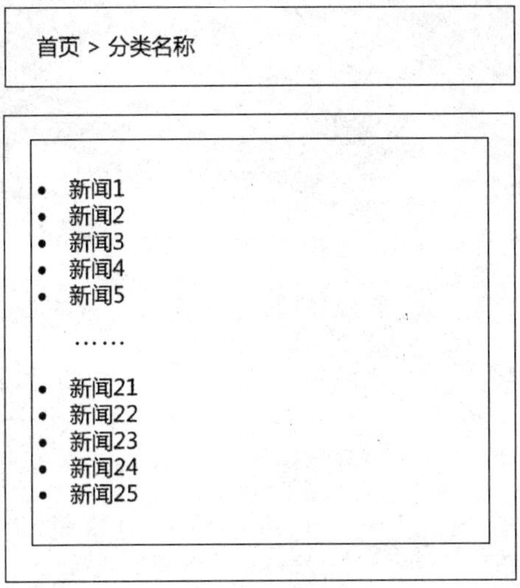

图 4-7　列表页布局

要上、下两个 div，上方 div 中的新闻类别名称由后台的 JSON 数据负责指定。

具体代码如下所示：

```
< div class = "nav">
  < a href = "index. htm">新闻首页</a>
  &gt;
  < span id = "spanCategory"></span>
</div>
< div id = "list">

</div>
```

其中，spanCategory 用于显示当前列表显示的新闻分类；list 为新闻列表，显示 top25 的新闻。

top25. json(列表页显示 top25 新闻列表)中的内容结构如下所示：

```
[{
"id":"01000001",
"title":"要闻 01000001",
"category":"要闻"
},
…
{
"id":"01000025",
"title":"要闻 01000025",
"category":"要闻"
},
{
"id":"02000001",
"title":"国内 02000001",
```

```
"category":"国内"
},
…
{
"id":"02000025",
"title":"国内 02000025",
"category":"国内"
},
{
"id":"03000001",
"title":"科技 03000001",
"category":"科技"
},
…
{
"id":"03000025",
"title":"科技 03000025",
"category":"科技"
},
{
"id":"04000001",
"title":"教育 04000001",
"category":"教育"
},
…
{
"id":"04000025",
"title":"教育 04000025",
"category":"教育"
}]
```

list.htm 首先使用 jQuery 的 getJSON 方法获取远程 JSON 数据,然后动态生成 HTML 代码并填充到容器中,再对每个超链接动态绑定 click 事件。该过程与 index 相似。

具体代码如下所示:

```
var categoryId;
var categoryName;
$(document).ready(function(){
if (!window.localStorage) {
alert('当前浏览器不支持本地存储');
window.location = 'index.htm';
}
categoryId = window.localStorage.getItem('categoryId');
categoryName = window.localStorage.getItem('categoryName');
if (!categoryId) {
alert('新闻类别未指定');
window.location = 'index.htm';
}
```

```
$('#spanCategory').html(categoryName);

$.getJSON('data/top25.json',function(json){
var htm = '';
for (var i in json) {
if (categoryId != json[i].id.substring(0,2))continue;
htm += '<div>';
htm += '<a href="#"'
+ 'data-id="' + json[i].id + '"'
+ 'data-categoryId="' + json[i].id.substring(0,2) + '"'
+ 'data-categoryName="' + json[i].category + '"'
+ '>' + json[i].title + '</a>';
htm += '</div>';
}
$('#list').html(htm);
$('#list').find('a').bind('click',function(){
viewNews(
$(this).attr('data-id'),
$(this).attr('data-categoryId'),
$(this).attr('data-categoryName')
);
});
});
});
```

由于使用了 localStorage(HTML 本地存储)，所以需要检测浏览器对 localStorage 的兼容性。如果不支持，提示错误后返回首页。

具体代码如下所示：

```
if(!window.localStorage){
alert('当前浏览器不支持本地存储');
window.location = 'index.htm';
}
```

在该网页中，通过获取 localStorage 中的 categoryId 以及 categoryName 这两个数据来确定要显示的新闻分类。如果 localStorage 中没有这两个对象(特别是 categoryId)，则提示错误后返回首页。

```
categoryId = window.localStorage.getItem('categoryId');
categoryName = window.localStorage.getItem('categoryName');
if(!categoryId){
alert('新闻类别未指定');
window.location = 'index.htm';
}
```

正确获取 categoryName 后，就可以将 spanCategory 中的内容指定为 categoryName。

具体代码如下所示：

```
$('#spanCategory').html(categoryName);
```

相关的 CSS 代码如下所示：

```
body {
padding:0px;
margin:0px;
font - size:14px;
}
.nav {
padding:5px;
color: #ffffff;
background - color: #2A75D0;
border - top:1px solid #2a75d0;
}
.nav > a {
color: #ffffff;
text - decoration:none;
}
.list {
margin:5px 0;
}
.list > div {
font - size:1em;
line - height:2em;
padding - left:10px;
border - bottom:1px solid #eeeeee;
}
.list > div > a {
text - decoration:none;
}
```

4.6　新闻阅读模块

当用户单击首页或列表页中的某条新闻标题后，会跳转到该页面。该页面的工作是把当前新闻内容显示出来。

页面布局如图 4-8 所示。

新闻页的数据是一篇文章。通常情况下，这篇文章的内容存储在数据库中，需要使用动态网页编程语言（PHP、Java、.Net 等）读取。由于本书不涉及该部分内容，特将具体的新闻数据放在 data 目录下，例如 01000001.htm，其中 01000001 为该新闻的编号。

具体代码如下所示：

```
< div class = "nav">
  < a href = "index.htm">新闻首页</a>
  &gt;
  < aid = "spanCategoryLink" href = " # "></a>
```

图 4-8 阅读页布局

```
&gt;
正文
</div >
< div id = "news" class = "news">

</div >
```

spanCategoryLink 为连接到 list. htm 的一个超链接,超链接中的文字需要根据具体的新闻类别指定。

id 为 news 的 div 元素是新闻内容的容器。当跳转到该页面时,使用 jQuery 的 get 方法从远程获取指定新闻的 HTML 内容并填充到 div 中。

具体代码如下所示:

```
var categoryId;
var categoryName;
var newsId;
 $ (document). ready(function () {
if(!window. localStorage){
alert('当前浏览器不支持本地存储');
window. location = 'index. htm';
}
newsId = window. localStorage. getItem('newsId');
categoryId = window. localStorage. getItem('categoryId');
categoryName = window. localStorage. getItem('categoryName');
if (!newsId) {
alert('新闻未指定');
window. location = 'index. htm';
}
if (!categoryId) {
```

```
alert('新闻类别未指定');
window.location = 'index.htm';
}

    $('#spanCategoryLink').html(categoryName)
    .bind('click',function () {
viewList(categoryId,categoryName);
});
$('#news').html('新闻加载中...');
$.get('data/' + newsId + '.htm',function(data) {
$('#news').html(data);
});
});
```

上述代码中有 3 个全局变量：categoryId、categoryName 和 newsId，分别从 localStorage 中获取新闻类别编号、新闻类别名称和新闻编号。如果获取失败，跳转到 index. htm。

成功获取新闻类别编号以及名称后，使用 jQuery 的 HTML 方法指定超链接的文字，再使用 bind 方法绑定 click 事件，实现单击超链接跳转到 list. htm。

成功获取新闻编号后，使用 jQuery 的 get 方法，获取远程的 HTML 文件内容。值得注意的是，这里 get 的第一个参数的含义是远程 URL，需要使用字符串连接的方式动态生成。获取后，直接将得到的内容填充到 news 容器中。

其实，获取的新闻 HTML 页的内容是一个 HTML 片段，只需要包含新闻的标题、发布日期和正文。

具体代码如下所示：

```
<h2>
标题
</h2>
<h3>
发布时间：2015 年 05 月 04 日
</h3>
<div>
新闻内容
</div>
```

在 HTML 片段中，很规则地使用 h2 放置新闻标题，h3 放置新闻发布日期，div 放置新闻正文。这样的好处是，只要指定 news 样式的子元素样式，就可以很方便地设置整个新闻的样式。

相关 CSS 代码如下所示：

```
body{
padding:0px;
margin:0px;
font-size:14px;
}
.nav{
```

```
padding:5px;
color: # ffffff;
background - color: # 2A75D0;
border - top:1pxsolid # 2a75d0;
}
.nav > a {
color: # ffffff;
text - decoration:none;
}
.news{
margin:5px0;
}
.news > h2{
font - size:2em;
line - height:2em;
margin:0px;padding:0px;
text - align:center;
font - weight:bold;
}
.news > h3{
font - size:1em;
line - height:2em;
margin:0px;padding:0px;
text - align:center;
font - weight:normal;
}
.news > div{
font - size:1em;
line - height:1.5em;
text - align:left;
margin:10px;
}
```

4.7 项 目 进 阶

因为是教学项目，所以本项目设计得相对简单，有很多不足之处，这里列举两个。

(1) 本项目只使用了一级新闻分类，其实可以根据不同的需要，将新闻分类划分成任意多级，只需要调整 category.json 即可。

(2) 本项目中，所有的新闻列表都只显示一个标题，其实可以为每条新闻增加一个简介(Description)属性，并显示到新闻列表中。这样，用户在列表中就可以简单地查看新闻的简短内容，决定是否要点击查看明细。

4.8 课 外 实 践

在网上搜索"内容管理系统(CMS)"的相关信息，找一个免费或开源的 CMS 下载、安装，并尝试简单地使用。

项目 5

自主项目：个人记账助手设计置

知识目标：
- 掌握 JavaScript 操作 HTML5 本地存储的方法
- 掌握 JavaScript 操作 JSON 格式数据的方法

能力目标：
- 能使用 jQuery 操作 HTML5 本地存储
- 能使用 jQuery 操作 JSON 格式数据

5.1 项目介绍

本项目也是一个面向手机端的网页应用。个人记账软件是一种最常见的理财类软件，适合在校学生或者刚步入社会的年轻人使用。项目分为收支登记、收支查看和收支统计 3 个功能模块。通过每日记账，用户可以清楚地了解自己的钱的去向，更好地节制自己，避免成为"月光族"，甚至"日光族"。

本项目的实现分为 3 部分：①网站规划与设计；②设计网站用于存储的数据结构（JSON 格式）；③系统编码和实现。

界面整体效果如图 5-1 所示。

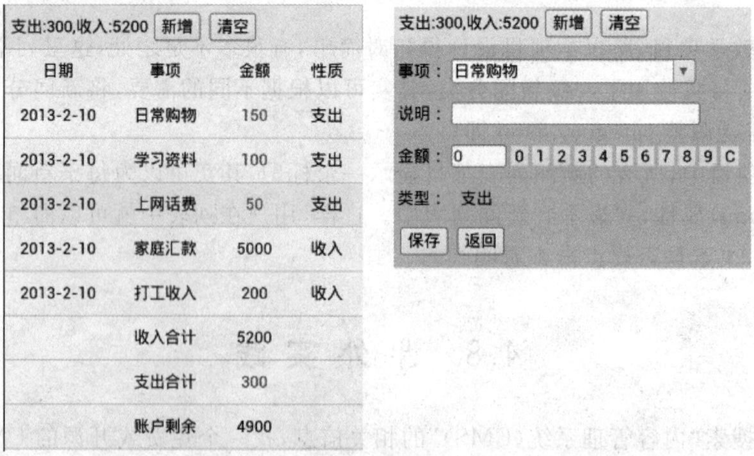

图 5-1　个人记账软件界面效果

5.2 知 识 准 备

HTML5 提供了 localStorage 技术，实现客户端（浏览器端）存储数据。在此之前，要在客户端存储数据（例如，记住用户登录账号等信息），都是由 cookie 完成。但是 cookie 不适合大量数据存储（一般不超过 4KB），因为它们由每个对服务器的请求来传递，使得 cookie 速度很慢，而且效率不高。

对于不同的网站，localStorage 数据存储于不同的区域，并且一个网站只能访问其自身的数据（根据网站的域名来识别）。

访问 localStorage 需要使用 JavaScript 代码来实现，例如：

```
< script type = "text/javascript">
    localStorage.UserName = "Admin";
    document.write(localStorage.UserName);
</script >
```

需要注意的是，localStorage 存储数据的格式为字符串。对于一些比较复杂的数据类型（如数组、对象），可以先转换为 JSON 格式的字符串，再进行存储，例如：

```
var obj = { name:'Admin',age:24 };
var str = JSON.stringify(obj);

//存入
localStorage.obj = str;
//读取
str = localStorage.obj;
//重新转换为对象
obj = JSON.parse(str);
```

在上述代码中，JSON.stringify()用于将对象转换为字符串，JSON.parse()用于将字符串转换为对象。

5.3 网站规划与设计

本项目主要包括如下功能。

(1) 收支登记：提供收支录入表单，用于新增一笔收支记录。

(2) 收支查看：提供收支表格查询功能，并可以对某次收支记录进行修改和删除。

(3) 收支统计：统计本阶段的收入合计、支出合计以及账户余额。

5.3.1 账目登记表单设计

账目登记表单在用户录入和编辑收支情况时用到，其中用到文本框、下拉列表框、按钮这 3 种控件。该表单一共有 5 行，只不过每一行不是表格中的行，而是一个 DIV。

　　每一行中大致分成两个部分：前面是一个标签，后面是一个用于录入的控件，分别是两个 SPAN。

　　表单的 HTML 元素结构如图 5-2 所示。

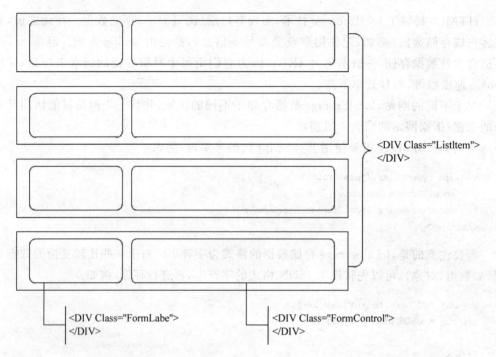

<DIV Class="ListItem">
</DIV>

<DIV Class="FormLabe">
</DIV>

<DIV Class="FormControl">
</DIV>

图 5-2　表单页结构

具体实现代码如下所示：

```
< div class = "list - item">
    < span class = "form - label">
        事项：
    </span>
    < span class = "form - control">
        < select id = "ddlTitle" style = "width:70 %">
        </select>
    </span>
</div>
< div class = "list - item">
    < span class = "form - label">
        说明：
    </span>
    < span class = "form - control">
        < input type = "text" id = "txtContent" style = "width:70 %" />
    </span>
</div>
< div class = "list - item">
    < span class = "form - label">
        金额：
```

```
    </span>
    <span class = "form - control">
        <input type = "text" id = "txtAmount" style = "width:20 % " />
    </span>
</div>
<div class = "list - item">
    <span class = "form - label">
        类型:
    </span>
    <span class = "form - control" id = "spanType" style = "width:35 % ;">
    </span>
</div>
<div class = "list - item">
    <input type = "button" id = "btnSave" value = "保存" onclick = "Save()" />
    <input type = "button" id = "btnDelete" value = "删除" onclick = "Delete()" />
    <input type = "button" id = "btnReturn" value = "返回" onclick = "Return()" />
</div>
```

相关 CSS 样式代码如下所示：

```
body {
    font - size: 1em;
    font - family: Arial;
    margin: 0px;
    padding: 0px;
}
input {
    font - size: 1em;
    font - family: Arial;
}
select {
    font - size: 1em;
    font - family: Arial;
}
.list - item {
    line - height: 40px;
    border - bottom: 1px solid #CCCCCC;
}
.form - label {
    width: 20 % ;
}
.form - control {
    width: 75 % ;
}
```

5.3.2 账目记录列表设计

账目记录列表界面是一个 HTML 表格，第一行是列名，最后有 3 行汇总数据，中间的是各行的收支记录行（这些记录行在后面用 JavaScript 循环填充）。这里要注意，对于每列的 width,要用%来设置。为了方便起见,为每列创建一个 CSS 类。

具体实现代码如下所示:

```
< table style = "border - collapse:collapse;width:100 % ;">
    < tr class = "ListItem">
        < td class = "ListItemDate" style = "text - align:center;">
            日期
        </td>
        < td class = "ListItemTitle" style = "text - align:center;">
            事项
        </td>
        < td class = "ListItemAmount" style = "text - align:center;">
            金额
        </td>
        < td class = "ListItemType" style = "text - align:center;">
            性质
        </td>
    </tr>
    收支记录行...
    < tr class = "ListItem">
        < td class = "ListItemDate" style = "text - align:center;">
        </td>
        < td class = "ListItemTitle" style = "text - align:center;">
            收入合计
        </td>
        < td class = "ListItemAmountIn" style = "text - align:center;">
        </td>
        < td class = "ListItemType" style = "text - align:center;">
        </td>
    </tr>
    < tr class = "ListItem">
        < td class = "ListItemDate" style = "text - align:center;">
        </td>
        < td class = "ListItemTitle" style = "text - align:center;">
            支出合计
        </td>
        < td class = "ListItemAmountOut" style = "text - align:center;">
        </td>
        < td class = "ListItemType" style = "text - align:center;">
        </td>
    </tr>
    < tr class = "ListItem">
        < td class = "ListItemDate" style = "text - align:center;">
        </td>
        < td class = "ListItemTitle" style = "text - align:center;">
            账户剩余
        </td>
        < td class = "ListItemAmount" style = "text - align:center;">
        </td>
```

```
            <td class = "ListItemType" style = "text - align:center;">
            </td>
        </tr>
    </table>
```

5.3.3 用户操作流程设计

与用户体验相关的不仅仅是用户界面，还有用户的操作流程。对于这种使用频率比较高的应用，一套方便的操作流程是十分重要的。

在本项目中，为用户设计了两个操作流程：录入收支情况和更新收支情况，如图 5-3 所示。

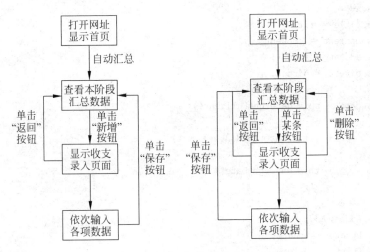

图 5-3　操作流程

5.4　数据结构设计

在本项目中，需要记录用户录入的收支数据。如果是普通的手机应用，将数据存储在本地文件或数据库中；如果是面向 PC 的网页，一般将数据存储在服务器端的数据库中。但是，本项目是一个面向手机端的网页应用，考虑到存储数据不大，因此将数据存储在支持 HTML5 的浏览器的本地存储中。

由于 HTML5 本地存储的数据格式仅仅支持字符串格式，所以本项目有一个比较重要的步骤就是设计便于转换的数据格式。

5.4.1 账目记录项

账目记录项是指某一次用户录入的数据项，由账目登记表单接收用户录入的数据，主要有以下数据项：日期、事由、说明、金额、性质。另外，为了能唯一区别这条数据项，给其增加一个账目编号。

在网页中，使用 JavaScript 语言设计一个类来表示该数据项，有以下 5 个成员变量。

- id（账目编号：自增长 int 类型）
- title（账目事由：string 类型）
- content（账目说明：string 类型）
- amount（账目金额：int 类型）
- direct（收支方向：int 类型，1 表示收入、−1 表示支出）
- date（账目日期：string 类型。为了列表显示方便，直接存储时间类型的数据转换字符串类型）

最终的记录项 JavaScript 实现，代码如下所示：

```
function record(id, title, content, amount, direct) {
    this.id = id;
    this.title = title;
    this.content = content;
    this.amount = amount;
    this.direct = direct;
    this.date = new Date();
    this.date = this.date.getFullYear()
            + '-'
            + (this.date.getMonth() + 1)
            + '-'
            + this.date.getDate()
            + '';

    this.Add = Add;
    this.Update = Update;
    this.Delete = Delete;

    function Add() {
        var list = GetWebStorage();

        if (this.id == '') {
            this.id = localStorage.AccountIndex;
            localStorage.AccountIndex =
                parseInt(localStorage.AccountIndex) + 1;
        }

        list.push({
            id: this.id,
            title: this.title,
            content: this.content,
            amount: this.amount,
            direct: this.direct,
            date: this.date
        });
        SetWebStorage(list);
    }
```

```
        function Update() {
            var list = GetWebStorage();
            for (i = 0; i < list.length; i++) {
                if (list[i].id == this.id) {
                    list[i].title = this.title;
                    list[i].content = this.content;
                    list[i].amount = this.amount;
                    list[i].direct = this.direct;
                }
            }
            SetWebStorage(list);
        }

        function Delete() {
            var list = GetWebStorage();
            var newlist = [];
            for (i = 0; i < list.length; i++) {
                if (list[i].id != this.id) {
                    newlist.push(list[i]);
                }
            }
            SetWebStorage(newlist);
        }
    }
```

数据将实际存储到 HTML5 的 Web Storage 存储区域内，其存储的字符串格式为：

```
{
    'id':1,
    'title':'日常购物',
    'content': '购物说明',
    'amount':150,
    'date':'2013 - 01 - 01'
}
```

5.4.2 账目记录列表

从程序设计的角度来看，账目记录列表是账目记录的一个数组，所以不需要特别设计一个 JavaScript 类来处理，但是可以定义几个公共方法用于访问该列表：GetWebStorage()、SetWebStorage()、Sum()、Find()。

具体实现代码如下所示：

```
//从 localStorage 获取账目记录列表对象 AccountList
//如果 AccountList 不存在则创建
//将获取的字符串转换为数组对象并返回
function GetWebStorage() {
    if (!localStorage.AccountList) {
        localStorage.AccountIndex = 1;
        return new Array();
```

```
    }
        return eval('(' + localStorage.AccountList + ')');
}


//将指定的账目记录列表转换为字符串并保存到 localStorage
function SetWebStorage(list) {
    localStorage.AccountList = JSON.stringify(list);
}


//清空 localStorage 中存储的数据
function RemoveWebStorage() {
    window.localStorage.clear();
}


//对 localStorage 中数据汇总
//返回总收入、总支出、结余
function Sum(list) {
    var sumAmount = 0;
    var outAmount = 0;
    var inAmount = 0
    for (i = 0; i < list.length; i++) {
        sumAmount += parseFloat(list[i].amount) * parseFloat(list[i].direct);
        if (list[i].direct == 1) {
            inAmount += parseFloat(list[i].amount);
        } else {
            outAmount += parseFloat(list[i].amount);
        }
    }
    return {
        sumAmount: sumAmount,
        inAmount: inAmount,
        outAmount: outAmount
    };
}
//根据账目编号,查找相应的账目记录
//未找到则返回 null
function Find(list, id) {
    for (i = 0; i < list.length; i++) {
        if (list[i].id == id) {
            return list[i];
        }
    }
    return null;
}
```

5.4.3 账目编号

在项目中,账目编号是为账目记录新增的一个类似数据库中主键的信息,本身没有什么含义,其作用是查找和定位。这里采用类似于数据库中自增长类型的数据类型,从 1 开始，每次递增1。

具体存储时，使用一个存储对象 AccountIndex，用于保存当前最大的账目编号。下次再创建账目记录时，其账目编号就等于当前的 AccountIndex＋1。存储后，AccountIndex 自增1。

实现代码如下所示：

（1）在 GetWebStorage()方法中，如果 AccountIndex 不存在，创建：

```
localStorage.AccountIndex = 1;
```

（2）在 record 的 Add()方法中：

```
this.id = localStorage.AccountIndex;
localStorage.AccountIndex =
    parseInt(localStorage.AccountIndex) + 1;
```

5.5 系统编码实现

5.5.1 初始化处理

（1）定义全局变量：TitleItem（收支事由）、curId（当前编辑的账目编号）。

（2）绑定账目列表。

（3）绑定账目录入表单中"事由"下拉框的数据。

（4）显示账目列表 DIV，隐藏账目录入表单 DIV。

在这个过程中，有一点做了特殊处理：保存账目记录时，在"事由"这个数据上，为了节省空间，保存的是该事由的编号（TitleItem 的 value 值），但是显示时需要显示文本，所以定义了一个 GetTitleTextByValue 方法。根据参数指定的 value 到 TitleItem 中查找对应的 text。如找到，则返回 text；如果没有找到，则返回未知事项。

```
//全局变量账目事由列表
var TitleItem = [{
    text: '一日三餐',
    value: '1'
},
{
    text: '日常购物',
    value: '2'
},
{
    text: '学习资料',
    value: '3'
},
{
    text: '上网话费',
    value: '4'
},
```

```javascript
    {
        text: '其他消费',
        value: '99'
    },
    {
        text: '家庭汇款',
        value: '101'
    },
    {
        text: '打工收入',
        value: '102'
    },
    {
        text: '学校奖励',
        value: '103'
    },
    {
        text: '其他收入',
        value: '199'
    }];
//全局变量　当前编辑的账目编号
var curId = 0;

//jquery初始化函数
$(document).ready(function() {
    LoadList();
    $('#divDetail').hide();
    $('#divList').show();
    LoadTitle();
});

//绑定账目列表
function LoadTitle() {
    for (index = 0; index < TitleItem.length; index++) {
        $('#ddlTitle').append('< option value = "' + TitleItem[index].value + '">' +
TitleItem[index].text + '</option>')
    }
}

//根据事由编号,查找事由文本
function GetTitleTextByValue(value) {
    for (index = 0; index < TitleItem.length; index++) {
        if (TitleItem[index].value == value) return TitleItem[index].text;
    }
    return '未知事项';
}

//核心方法　绑定账目列表
function LoadList() {
```

```javascript
curId = 0;
var list = GetWebStorage();
if (list == null || list == undefined) return;
var sum = Sum(list);
$ ("#spanSum").html('支出:' + sum.outAmount + ',收入:' + sum.inAmount);
var htm = '<table style = "
        border - collapse:collapse;width:100 % ;">';
htm += '<tr class = "ListItem">';
htm += '<td class = "ListItemDate"
            style = "text - align:center;">日期</td>';
htm += '<td class = "ListItemTitle"
            style = "text - align:center;">事项</td>';
htm += '<td class = "ListItemAmount"
        style = "text - align:center;">金额</td>';
htm += '<td class = "ListItemType"
        style = "text - align:center;">性质</td>';
htm += '</tr>';
for (i = 0; i < list.length; i++) {
    htm += '<tr onclick = "MouseClickRow(this,' + list[i].id + ')" class = "ListItem">';
    try {
        htm += '<td class = "ListItemDate">' + DateToString(list[i].date) + '</td>';
    } catch(err) {}
    htm += '<td class = "ListItemTitle">' + GetTitleTextByValue(list[i].title) + '</td>';

    if (list[i].direct == 1) {
        htm += '<td class = "ListItemAmountIn">' + list[i].amount + '</td>';
        htm += '<td class = "ListItemType">收入</td>';
    } else {
        htm += '<td class = "ListItemAmountOut">' + list[i].amount + '</td>';
        htm += '<td class = "ListItemType">支出</td>';
    }
    htm += '</tr>';
}

htm += '<tr class = "ListItem">';
htm += '<td class = "ListItemDate"
            style = "text - align:center;"></td>';
htm += '<td class = "ListItemTitle"
            style = "text - align:center;">收入合计</td>';
htm += '<td class = "ListItemAmountIn"
            style = "text - align:center;">' + sum.inAmount + '</td>';
htm += '<td class = "ListItemType"
            style = "text - align:center;"></td>';
htm += '</tr>';
htm += '<tr class = "ListItem">';
htm += '<td class = "ListItemDate" style = "text - align:center;"></td>';
htm += '<td class = "ListItemTitle"
            style = "text - align:center;">支出合计</td>';
htm += '<td class = "ListItemAmountOut"
```

```
                style = "text-align:center;">' + sum.outAmount + '</td>';
        htm += '<td class = "ListItemType"
                style = "text-align:center;"></td>';
        htm += '</tr>';
        htm += '<tr class = "ListItem">';
        htm += '<td class = "ListItemDate"
                style = "text-align:center;"></td>';
        htm += '<td class = "ListItemTitle"
                style = "text-align:center;">账户剩余</td>';
        htm += '<td class = "ListItemAmount"
                style = "text-align:center;">' + sum.sumAmount + '</td>';
        htm += '<td class = "ListItemType"
                    style = "text-align:center;"></td>';
        htm += '</tr>';

        htm += "</table>";
        $('#divList').html(htm);
    }
```

5.5.2　新增或修改消费记录

　　新增消费记录是单击了"新增"按钮之后触发的。触发后,显示账目录入 DIV。用户录入数据后,单击"保存"按钮,将数据新增到 HTML5 本地存储中,重新绑定账目列表并显示。

　　修改消费记录是单击了某行账目记录之后触发的。触发后,显示账目录入 DIV。用户修改数据后,单击"保存"按钮,将数据更新到 HTML5 本地存储中,重新绑定账目列表并显示。

　　在这个过程中,有一点做了特殊处理。判断本次账目记录的性质是收入还是支出,主要根据账目事由来确定。选中的账目事由在 1~99,表示支出,将表单中的性质文本改为"支出";选中的账目事由在 101~199,表示收入,将表单中的性质文本改为"收入"。

　　具体实现代码如下所示:

```
//返回按钮处理事件
function Return() {
    $('#divDetail').hide();
    $('#divList').show();
}


//保存按钮处理事件
function Save() {
    var id = $('#txtId').val();
    var title = $("#ddlTitle").val();
    var amount = $('#txtAmount').val();
    var content = $('#txtContent').val();
    var direct = -1;
    if ($("#spanType").html() == '收入') {
```

```
            direct = 1;
        }
        var r = new record(id, title, content, amount, direct);
        if (id == '') {
            r.Add();
        } else {
            r.Update();
        }
        LoadList();
        Return();
    }
```

```
    //新增按钮处理事件
    function New() {
        $('#txtId').val('');
        $("#ddlTitle ").get(0).selectedIndex = 1 $('#txtAmount').val('0');
        $('#txtContent').val('');
        $("#spanType").html('支出');
        $('#divDetail').show();
        $('#divList').hide();

        $('#btnDelete').hide();
    }
```

```
    //事由下拉框值更新事件
    function ChangeTitle() {
        if (parseInt( $('#ddlTitle').val()) > 100) {
            $("#spanType").html('收入');
        } else {
            $("#spanType").html('支出');
        }
    }
```

5.5.3 删除消费记录

当用户选中某行账目记录后，在修改表单中的"保存"按钮右边显示"删除"按钮，单击后，要求用户确认是否要删除。如果确定要删除，则从 HTML5 本地存储中删除该记录，重新绑定账目记录并显示。

在这个过程中，有一点比较特殊：在调用 record 对象的 Delete 方法之前，需要调用其构造函数（new 方法），其中只有第一个参数（id）在 Delete 方法中会用到，因此其他参数可以传递一些无效数据。

具体实现代码如下所示：

```
function Delete() {
    if (!confirm('是否要删除该项?')) return;
    var id = $('#txtId').val();
    var r = new record(id, 0, 0, 0, 0);
```

```
        r.Delete();
        LoadList();
        Return();
    }
```

5.5.4　清空消费记录

在账目列表界面有个"清空"按钮,单击该按钮,要求用户确认是否要清空。如果确定要清空,则从 HTML5 本地存储中清除所有数据。

具体实现代码如下所示:

```
function Clear() {
    RemoveWebStorage();
    LoadList();
    $('#divDetail').hide();
    $('#divList').show();
}
```

5.5.5　用户体验改进

在测试项目的过程中,会发现有很多不完善的地方。有些是移动终端自身的问题,无法避免,有些是可以通过一些手段去控制的。这里列举两个有可能造成用户操作不方便的细节。

(1) 因为屏幕比较小,每次用户点击某行时,不能确定是否点中需要编辑的那一行,系统也没有提示信息便直接显示修改界面。

为了解决这个问题,利用全局变量 curId。每次用户点击某一行时,先获取当前行的账目编号,然后将其与 curId 相比较。如果两者不一致,则将当前的账目编号记录到 curId 中,并将当前行改变背景色。这样,用户就可以"选中"某一行。再次点击该行,curId 和前行的账目编号就相等了,这时就可以显示编辑表单。简言之,就是将原来的单击一次就触发改为单击两次触发。

具体实现代码如下所示:

```
//账目行点击事件
function MouseClickRow(tr, id) {
    if (curId == id) {
        Edit(id);
    } else {
        $("tr.ListItem").css("background-color", "");
        $(tr).css("background-color", "#FFFF99");
        curId = id;
    }
}
```

(2) 在用户录入账目金额时,会显示输入法,并占据部分屏幕区域,有时会遮住下方的"保存"按钮。

为了解决这个问题，在金额文本框的右边放置 0～9 这 10 个超链接按钮，让用户通过单击这些按钮达到输入的目的，代替输入法。

具体实现代码如下所示：

① HTML 代码：

```html
<div class = "ListItem">
    <span class = "FormLabel">
        金额：
    </span>
    <span class = "FormControl">
        <input type = "text" id = "txtAmount" style = "width:15%" />
        <a href = "javascript:ChangeAmount(0)" class = "AmountOperation">
             0 
        </a>
        <a href = "javascript:ChangeAmount(1)" class = "AmountOperation">
             1 
        </a>
        <a href = "javascript:ChangeAmount(2)" class = "AmountOperation">
             2 
        </a>
        <a href = "javascript:ChangeAmount(3)" class = "AmountOperation">
             3 
        </a>
        <a href = "javascript:ChangeAmount(4)" class = "AmountOperation">
             4 
        </a>
        <a href = "javascript:ChangeAmount(5)" class = "AmountOperation">
             5 
        </a>
        <a href = "javascript:ChangeAmount(6)" class = "AmountOperation">
             6 
        </a>
        <a href = "javascript:ChangeAmount(7)" class = "AmountOperation">
             7 
        </a>
        <a href = "javascript:ChangeAmount(8)" class = "AmountOperation">
             8 
        </a>
        <a href = "javascript:ChangeAmount(9)" class = "AmountOperation">
             9 
        </a>
        <a href = "javascript:ChangeAmount( -1)" class = "AmountOperation">
             C 
        </a>
    </span>
</div>
```

② JavaScript 代码：

```
//修改金额方法,检测 0 开头的非法数值
function ChangeAmount(x) {
    if (x == -1) {
        $('#txtAmount').val('');
        return;
    }
    var amount = new String($('#txtAmount').val());
    amount += new String(x);
    while (amount.substring(0, 1) == '0') {
        amount = amount.substring(1);
    }
    $('#txtAmount').val(amount);
}
```

5.6　项目进阶

本项目仅仅对个人记账软件做了初步设计,还有很多方面值得扩充,这里列举两点。

(1)在选择收支事项时,下拉框中的数据是从一个数组中读取的,但由于该数组是固定的,所以收支事项这个字段的值是不可更改的。如果要改进成可变动的,将收支事项这个数据设计成 JSON 格式并从远程获取。

(2)在统计数据时,仅仅按照收入还是支出做了简单的汇总。如果要改进,将收支事项、时间等因素考虑进去。

5.7　课外实践

请读者根据项目进阶中的两点提示修改、完善本项目。

综合项目：打地鼠游戏设计

知识目标：
- 掌握 JavaScript 操作 HTML 的方法
- 掌握 JavaScript 计时器的操作方法

能力目标：
- 能使用 jQuery 操作本地存储
- 能使用 jQuery 操作 JSON 格式数据

6.1 项目介绍

打地鼠是一款老少皆宜的经典游戏，在游戏的同时还能锻炼人的反应能力。游戏的规则很简单：在游戏界面中有 3 行 3 列 9 个区域，每隔固定时间，这 9 个区域中的 1 个会冒出 1 个地鼠，只要在限定时间内，把冒出来的地鼠给打下去就能得分。

本项目的实现分为 3 部分：①网站规划与设计；②设计用户界面；③系统编码和实现。

整体效果如图 6-1 所示。

图 6-1 打地鼠游戏整体效果图

6.2   系统功能分析

打地鼠游戏相对比较简单,主要分为创建地鼠和敲击响应两个功能模块。

(1)创建地鼠:在地图上的 9 个位置随机创建 1 个地鼠并显示。

(2)敲击响应:当敲中某个地鼠后,地鼠消失并计分。

系统流程如图 6-2 所示。

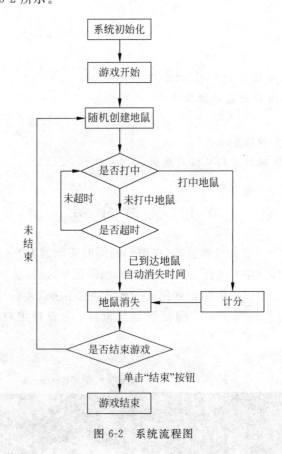

图 6-2   系统流程图

6.3   设计用户界面

6.3.1   网页布局

打地鼠游戏的网页主体是一个 3×3 的表格,可以简单地使用 HTML 中的 table 元素作为地图的布局。在表格上方放置一个 div 容器,里面有"开始"按钮、"结束"按钮以及分数标签。

为了让地图有直观的感觉,需要将表格中每个单元格的背景设置为一个草地图片,具体网页布局设计如图 6-3 所示。

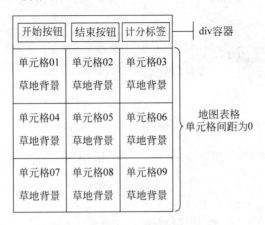

图 6-3　网页布局图

在实际设计时,每个单元格的背景图片都是一样的,所以单独定义一个 CSS 样式 bg,用于设置背景图片。为了后期访问方便,在每个单元格中放置一个命名的 DIV,名字为m1～m9,并将 bg 样式应用到这 9 个 div 中。后期还需要在每个 div 中添加图片,用于显示地鼠。

对于表格地图上方的操作区,也需要命名,并设置样式。考虑到移动平台的字体比较小,需要将操作区的字体放大到 24px。操作区里面放置 4 个元素,除了设计图中的 3 个已知元素外,还增加了一个用于调试的标签,显示当前是哪个单元格中有地鼠出现。

具体的布局网页代码如下所示:

(1) CSS 内容:

```
.bg {
    background - image: url("th.jpg")
}
```

(2) HTML 元素:

```
< div id = "oper" style = "height:30px;font - size:24px;">
    <a>
        开始
    </a>
    <a>
        结束
    </a>
    < span id = "msg">
    </span >
    < span id = "score">
    </span >
</div>
< table cellpadding = "0" cellspacing = "0">
    < tr >
        < td >
```

```
        < div class = "bg" id = "m1">
        </div>
    </td>
    < td >
        < div class = "bg" id = "m2">
        </div>
    </td>
    < td >
        < div class = "bg" id = "m3">
        </div>
    </td>
</tr>
<tr>
    < td >
        < div class = "bg" id = "m4">
        </div>
    </td>
    < td >
        < div class = "bg" id = "m5">
        </div>
    </td>
    < td >
        < div class = "bg" id = "m6">
        </div>
    </td>
</tr>
<tr>
    < td >
        < div class = "bg" id = "m7">
        </div>
    </td>
    < td >
        < div class = "bg" id = "m8">
        </div>
    </td>
    < td >
        < div class = "bg" id = "m9">
        </div>
    </td>
</tr>
</table >
```

6.3.2 地鼠图片引入

在游戏运行过程中,虽然同一时刻只会出现 1 个地鼠,但是在设计阶段,需要将 9 个地鼠预先准备、隐藏好,然后根据随机数将指定的地鼠显示出来。

安置地鼠很简单,只要在每个单元格的 DIV 容器中增加 IMG 元素就可以了,命名为 mouse1~mouse9。需要注意的是,默认情况下,这些 IMG 元素是隐藏的。要隐藏一个

IMG 元素，首先想到使用 CSS 样式，也可以将 IMG 元素的 width 和 height 属性设置为 0，同样达到所需效果。

具体代码如下所示：

```
<td>
    <div class = "bg" id = "m1">
        <img id = "mouse1" src = "mouse.png" width = "0" height = "0" />
    </div>
</td>
```

6.4 系统编码实现

6.4.1 初始化处理

一般情况下，网页的初始化主要工作是定义全局变量，并设置各个元素的初始状态。

在引用 jQuery 框架后，初始化工作主要在 document.ready 的事件处理函数中完成，简写为 $(function(){…});这种形式。

在打地鼠游戏中，具体的初始化工作有如下几个：

（1）定义用于存储地鼠标志的全局一维数组 data。

（2）定义用于记录分数的全局变量 score。

（3）定义 document.ready 的事件处理函数。

（4）初始化 data 数组对象中的每个元素为 0。

（5）初始化每个 IMG 对象（地鼠图片）的尺寸，并隐藏。

（6）初始化每个 DIV 对象（地图单元格容器）的尺寸。

实现代码如下所示：

```
var data = new Array();
var t; //计时器对象,具体使用见 start 函数
var score = 0;
$(function() {
    var h = $(document).height() - 60; //获取可操作区高度
    var w = $(document).width(); //获取可操作区宽度
    var x = h;
    if (h > w) x = w;
    x = parseInt(x / 3); //x 为每个单元格的 width 和 height
    for (var i = 1; i <= 9; i++) {
        var img = $("#mouse" + i.toString());
        img.height(x);
        img.width(x);
        img.hide();
        var div = $("#m" + i.toString());
        div.height(x);
        div.width(x);
    }
});
```

6.4.2　显示和隐藏地鼠函数

（1）显示地鼠函数：ShowMouse，参数为地鼠的位置（1～9）。

实现代码如下所示：

```
function ShowMouse(i) {;
    data[i] = 1;
    var img = $("#mouse" + i.toString());
    img.show();
}
```

（2）隐藏地鼠函数：HideMouse，参数为地鼠的位置（1～9）。

实现代码如下所示：

```
function HideMouse(i) {
    data[i] = 0;
    var img = $("#mouse" + i.toString());
    img.hide();
}
```

6.4.3　敲击函数

敲击函数：Hit，参数为地鼠的位置（1～9）。首先判断对应的位置是否有地鼠，即判断 data[i]是否为 1。如果为 1，将对应位置的地鼠隐藏，并记录分数。

实现代码如下所示：

```
function hit(i) {
    shake("#divShake", 10);
    if (data[i] == 1) {
        score++;
        $("#score").html("得分: " + score.toString() + "分");
        HideMouse(i);
    }
}
```

6.4.4　开始按钮处理事件

开始函数：start。具体的操作步骤如下。

（1）生成 1～9 的随机数作为显示地鼠的位置。

（2）显示当前的随机位置，用于调试。

（3）根据当前的随机位置，显示地鼠。

（4）1 秒钟后，隐藏地鼠。

（5）2 秒钟后，使用定时器递归调用 start 函数。

实现代码如下所示：

```
function start() {
```

```
var index = Math.floor(Math.random() * 9) + 1;
$("#msg").html("index:" + index.toString());
ShowMouse(index);
setTimeout("HideMouse(" + index.toString() + ")", 1000);
t = setTimeout("start()", 2000);
}
```

6.4.5　结束按钮处理事件

结束函数：end。具体的工作有以下两个。

（1）清除定时器 t，终止 start 函数中的递归。

（2）将计分清零。

实现代码如下所示：

```
function end() {
    clearTimeout(t);
    score = 0;
}
```

6.4.6　震动效果函数

震动函数：shake，参数有两个。一个是弹簧 div 的元素对象 obj，另一个是震动的幅度 count（单位是像素）。具体的工作有如下几步。

（1）判断震动幅度是否小于等于 0。当小于等于 0 时，函数返回。

（2）震动幅度自减 1。

（3）获取弹簧 div 元素的高度。

（4）判断弹簧 div 元素的高度是否为 0。如果为 0，设置其高度为震动幅度；如果不为 0，设置其高度为 0。

（5）使用当前的震动幅度，使用定时器递归调用震动函数。

实现代码如下所示：

```
function shake(obj, count) {
    if (count <= 0) return;
    var h = $(obj).height();
    count = count - 1;
    if (h == 0) $(obj).height(count);
    else $(obj).height(0);

    setTimeout("shake('" + obj + "'," + count.toString() + ")", 30);
}
```

6.4.7　绑定事件处理函数

定义好各个函数后，需要在 HTML 元素的事件中调用这些函数，绑定操作如下所述。

（1）开始按钮单击事件：start 函数。

```
<a href = "javascript:void(0)" onclick = "start();">
    开始
</a>
```

（2）结束按钮单击事件：end 函数。

```
<a href = "javascript:void(0)" onclick = "end();">
    结束
</a>
```

（3）地图表格单元格容器单击事件：hit 函数。

```
<td>
    <div class = "bg" id = "m1" onclick = "hit(1)">
        <img id = "mouse1" src = "mouse.png" width = "0" height = "0" />
    </div>
</td>
```

6.4.8 最终实现代码

JS 代码如下所示：

```
var data = new Array();
var t;
var score = 0;

$ (function() {
    for (var i = 1; i <= 9; i++) {
        data[i] = 0;
    }
    var h = $ (document).height() - 60;
    var w = $ (document).width();

    var x = h;
    if (h > w) x = w;

    x = parseInt(x / 3);

    for (var i = 1; i <= 9; i++) {
        var img = $ ("#mouse " + i.toString());
        img.height(x);
        img.width(x);
        img.hide();
        var div = $ ("#m " + i.toString());
        div.height(x);
        div.width(x);
    }
});
```

```
function ShowMouse(i) {;
    data[i] = 1;
    var img = $("#mouse " + i.toString());
    img.show();
}
function HideMouse(i) {
    data[i] = 0;
    var img = $("#mouse " + i.toString());
    img.hide();
}
function shake(obj, count) {
    if (count <= 0) return;
    var h = $(obj).height();
    count = count - 1;
    if (h == 0) $(obj).height(count);
    else $(obj).height(0);

    setTimeout("shake('" + obj + "', " + count.toString() + ")", 30);
}

function hit(i) {
    shake("#divShake ", 10);
    if (data[i] == 1) {
        score++;
        $("#score ").html("得分: " + score.toString() + "分");
        HideMouse(i);
    }
}

function start() {
    var index = Math.floor(Math.random() * 9) + 1;
    $("#msg ").html("index: " + index.toString());
    ShowMouse(index);
    setTimeout("HideMouse(" + index.toString() + ")", 1000); //1 秒后地鼠消失
    t = setTimeout("start()", 2000); //每 2 秒出现一个地鼠
}
function end() {
    clearTimeout(t);
    score = 0;
}
```

HTML 代码如下所示：

```
<div id = "oper" style = "height:60px:line-height:60px;font-size:1.2em;">
    <a href = "javascript:void(0)" onclick = "start();">
        开始
    </a>
    <a href = "javascript:void(0)" onclick = "end();">
        结束
    </a>
```

```html
< span id = "msg">
</span>
< span id = "score">
</span>
</div>
< div id = "divShake" style = "height:0px">
</div>
< table cellpadding = "0" cellspacing = "0">
    < tr>
        < td>
            < div class = "bg" id = "m1" onclick = "hit(1)">
                < img id = "mouse1" src = "mouse.png" width = "0" height = "0" />
            </div>
        </td>
        < td>
            < div class = "bg" id = "m2" onclick = "hit(2)">
                < img id = "mouse2" src = "mouse.png" width = "0" height = "0" />
            </div>
        </td>
        < td>
            < div class = "bg" id = "m3" onclick = "hit(3)">
                < img id = "mouse3" src = "mouse.png" width = "0" height = "0" />
            </div>
        </td>
    </tr>
    < tr>
        < td>
            < div class = "bg" id = "m4" onclick = "hit(4)">
                < img id = "mouse4" src = "mouse.png" width = "0" height = "0" />
            </div>
        </td>
        < td>
            < div class = "bg" id = "m5" onclick = "hit(5)">
                < img id = "mouse5" src = "mouse.png" width = "0" height = "0" />
            </div>
        </td>
        < td>
            < div class = "bg" id = "m6" onclick = "hit(6)">
                < img id = "mouse6" src = "mouse.png" width = "0" height = "0" />
            </div>
        </td>
    </tr>
    < tr>
        < td>
            < div class = "bg" id = "m7" onclick = "hit(7)">
                < img id = "mouse7" src = "mouse.png" width = "0" height = "0" />
            </div>
        </td>
        < td>
```

```
        <div class = "bg" id = "m8" onclick = "hit(8)">
            <img id = "mouse8" src = "mouse.png" width = "0" height = "0" />
        </div>
    </td>
    <td>
        <div class = "bg" id = "m9" onclick = "hit(9)">
            <img id = "mouse9" src = "mouse.png" width = "0" height = "0" />
        </div>
    </td>
    </tr>
</table>
```

6.5 项目进阶

目前，打地鼠游戏仅仅实现了敲击和计分功能，可扩展性很强。可以在以下几个方面扩充。

（1）游戏自动结束：当前是通过一个按钮结束游戏。以漏掉的地鼠个数为依据，增加游戏自动结束功能。例如，当漏掉的地鼠满 10 个时，游戏自动结束；以时间为结束依据，例如游戏每次持续 1 分钟，时间到，游戏自动结束。当然，也可以将前面两个依据结合起来，作为游戏结束条件。

（2）难度等级划分：等级越高，地鼠出现的频率越快，对用户的反应要求越高。游戏中有很多地方用到了定时器，除了震动效果以外，其他定时器都可以作为控制频率的手段。在控制频率时，需要大量测试，防止难度太高而失去游戏乐趣。

（3）多地鼠敲击：同时出现多个地鼠，用户可以快速地依次敲击，也可以在支持多点触屏的设备上同时敲击多个地鼠。要实现这样的功能，需要定义多个定时器对象，每个定时器对象虽然共享同一个数据存储，但需要独立处理用户的操作。

（4）得分排行榜：每次游戏结束后，记录本次游戏的得分，然后显示历史排名。虽然这个功能看似简单，但是有很多要考虑的地方，其关键是该历史排名的存储位置：全局变量、本地文件、远程服务器。对于不同的存储位置，有不同的存储方案。

6.6 课 外 实 践

请读者根据项目进阶的提示，修改、完善本项目。

参 考 文 献

[1] 杨习伟. HTML5＋CSS3 网页开发实战精解[M]. 北京：清华大学出版社，2012.

[2] 丁士锋. 网页制作与网站建设实战大全[M]. 北京：清华大学出版社，2013.

[3] 刘玉萍. 精通 HTML5 网页设计[M]. 北京：清华大学出版社，2013.

[4] 明日科技. HTML5 从入门到精通[M]. 北京：清华大学出版社，2012.

[5] 林珑. HTML5 移动 Web 开发实战详解[M]. 北京：清华大学出版社，2014.

[6] Ben Frain. 响应式 Web 设计：HTML5 和 CSS3 实战[M]. 北京：人民邮电出版社，2013.